KUWEI

酷威文化

图书 影视

记忆编码

[俄] 亚瑟·杜姆切夫 著————

雷雨晴 译————

四川文艺出版社

Оглавление
目录

后记

前言

Предисловие

Помнить всё.
Практическое руководство
по
развитию памяти

既然你已经拿起了这本书，那么我可以适当加以推测：你已经对如何提高智力产生了极大的兴趣。我希望你能通过这本书将更多的精力放在实践中，而并非枯燥的理论中。生活中，不少人因为自己的大脑中只有理论知识，导致自己无法顺利进行某件事而烦心。其实，对于实践而言，我们只有寻找到提高智力的具体方法和策略技巧才能良好地进行某件事。而且，只有运用了这些方法，才能将信息长期留存于记忆中。

　　爱因斯坦[①]曾说："所谓教育，就是当一个人把在学校所学全部忘光之后剩下的东西。"

　　如果你对发掘寻找实践方法抱有积极乐观的兴趣，那么你就会迅速地在这本书中找到自己所需要的知识。如果你需要学习那些枯燥又没用的理论知识，那就去图书馆或是网上搜索吧！因为这本书，只会让你收获最简单实用的方法。

　　在这本书中，我之所以选择这些容易掌握的内容，就是希望你可以避免运用自己的既得经验，或已经掌握的方法处理信息。

_____

①阿尔伯特·爱因斯坦（1879—1955），出生于德国，犹太裔物理学家。

关于这一点，在后文中我会进行相关解释，随后再制订具体的计划。在这本书中，有关你需要掌握的记忆方式的内容，我将按照从简略到复杂的顺序展开。比如说，最开始，我会论述"提高智力首先要锻炼记忆力"这一观点，并且提出供你实践的相关方法（这些方法并不需要你花费大量的时间来提前做准备）。之后，我们再开始更加复杂的训练。

这本关于记忆的书中，不会出现任何效率低下的记忆法。例如：假设你需要记忆 100 个数字，用"短篇记忆法[①]"耗时 15 分钟；用"旅行记忆法[②]"则只需耗时 5 分钟。那么，书中只会列出后一种快捷的方法。本书中，我会针对每一种情境提出独特的记忆法，并且确保这个记忆法是简单高效的。或许，你已经掌握了书中的个别方法，可即使这样，你也需要以全新的目光审视它，并且调整自己的知识体系。

在这本书中，我在不同的研究里展示了各具特点的例子。这些例子都曾被英国学者研究[③]并证明，所以请你不要怀疑这些例子的真实性。毕竟，就连英国学者的研究都在使用它们。

最后，我想提醒各位读者，读这本书之前，你可能会觉得有很多关于记忆的故事听起来很不可思议。例如：逐字逐句记忆一

---

① 根据已知词语编写短篇小说，从而有利于记忆。

② 通过将旅行时所经过的地点和需要记忆的词语联系起来加强记忆，是一种高效的记忆方法。

③ 此处"英国学者研究"为作者调侃。因为很多不实研究为加强说服力，常在标题中加上"英国学者研究证实"的字眼。

整本书，一瞥之下记住整副纸牌，不用纸笔解决大量难题，无限地默写大量数列等。然而，当你读完本书之后，就会认为这些能力也没什么大不了的。你会发现：那些本来只会在电视上听闻或书中读到的天才人物也不过是普通人罢了；那些被你敬佩的人也会逐渐减少。

　　不过，你也不需要担心，陀思妥耶夫斯基[①]、列奥纳多·达·芬奇[②]、莫扎特[③]和爱因斯坦永远是天才。

[①] 费奥多尔·米哈伊洛维奇·陀思妥耶夫斯基（1821—1881），俄国作家。代表作品有《罪与罚》《卡拉马佐夫兄弟》《白痴》等。

[②] 列奥纳多·迪·皮耶罗·达·芬奇（1452—1519），意大利著名画家、数学家、解剖学家、天文学家，欧洲文艺复兴时期的代表之一。

[③] 沃尔夫冈·阿玛多伊斯·莫扎特（1756—1791），欧洲古典主义音乐作曲家。代表作品有《奏鸣曲》《协奏曲》《安魂曲》等。

记忆的本质

Природа памяти

财富，不在于拥有多少珍宝，

而在于是否能利用它们。

——拿破仑·波拿巴①

① 拿破仑·波拿巴（1769—1821），19 世纪法国伟大的军事家、政治家，法兰西第一帝国的缔造者。

想象一下，你就是大脑。请先试着抽象思考，并且想象自己是人体的重要组成部分——头脑（假使你把自己想象成脊髓也无关紧要，你只需要深呼吸，放松自己，然后从头读完这一段）。

现在，你是整个躯体的控制中枢，管控一切生理进程——如血压、心跳、呼吸、消化、免疫等——所以，你要保证身体的必要需求都得到满足。这就意味着你需要考虑很多情况，如饮食、温度和环境的变化，以及繁衍生息和每日有可能存在的威胁等。

一想到从外界涌入和源于内心的信息总量这么大，我就觉得可怕。

可是，在这种情况下，又该如何是好呢？

你（大脑）思考着这个任务，突然间灵光一现！为什么不让大脑的某个部分自己控制自己呢？比如说，额叶①？就让额叶在应对外界时自主制定一部分决定性策略吧，而你则保持整体策略方针，控制内部进程即可。当然，额叶也会出现失控的情况，以至于你的"本体"——人不得不进行所谓东方式的冥想。但是，这

---

① 通常认为，额叶负责思维和感知。

样做能取得什么样的成绩，就取决于你如何控制生理进程^①了。不过，这个成功率相当小，所以你决意给予其他器官思考及自主决策的权力。

这个方案取得了成功！不仅如此，额叶部分没有缩减你的"授权清单"（很难预料到西藏的僧人和印度的修行者是否会读到这本书），它们还选择了一些好书来读。总之，这种方案的确取得了成功，但具体原因是什么呢？

问题在于，你（大脑）考虑一切。你为大脑足以自控的部分设定了某种规则和框架，即自我设限，从而实现人类永恒的使命——生存。

但是，人可以抛开这些局限或绕过所有限制吗？

如前言所说，这本书重视实践，上文中提到的和大脑有关的一切内容，稍后都将帮助你透彻地理解记忆的本质。

现在，我来解释其原因。

以下是有些人认为绝无可能完成或非常困难的事情：

1. 在健身房锻炼的同时，听一本电子书，并记下其中 20—30 个重要片段，到家之后再对其做出摘要总结。

2. 在不做笔记的情况下，记住听到的数学题目（如 10—15 个数字），然后完全不碰纸笔，只运用计算器进行解题运算。

3. 读过几遍之后，背下一首长诗；几分钟内记住数百个数字；

---

① 大量记载显示，瑜伽能够控制心跳速度，将呼吸维持在一个较缓的区间内，起到调节生理进程的作用。

1—2 天内背会化学元素周期表。

人们之所以认为这是不可能完成或是极其困难的，仅仅是因为他们不明白人类的记忆的构建过程。因此，当听闻某些人在记忆领域的突出成就时，人类会报以怀疑的态度。举例而言，如果一位指挥官熟悉数万名士兵的姓名，那人们一定会认为，要么指挥官是天才，要么就是因为时间的流逝，指挥官的才能被夸大了。这就是因为人类在对记忆的认知中，受到惯性思维的影响，所以不相信一个"正常"人会记住这么多事。也正是因为这一思维，人类在记忆的构建过程中总是被束缚。

由此可见，恰如其分的理论知识将在构建记忆时对人们有所助益。在这本书中，我会抛弃那些无法实际操作的晦涩定义、分类以及特点分析的过程。

关于记忆，你必须要了解的是：

记忆是一种心理机能，包括以下两个过程。

1. 记忆

2. 遗忘

首先你要了解到，将信息存储看作独立的过程后，再加以分析是毫无意义的，因为记忆本身就意味着存储[①]。

要是提及分类法，就不得不区分两种记忆形式——短时记忆

---

① 尽管如此，应当明白，以上所有阶段都是象征性的。一些实验大量运用催眠法并形成一种新学说，即信息绝对不会被遗忘——只是人们不总是能想起来。因此，可以将记忆力定义为牢记事物的能力。

和长时记忆。尽管这两种记忆的意义从字面上很好理解，但我们应先稍微分析一下细节。

短时记忆，这是神经元暂时性连接形成的产物，又称"工作记忆"。根据乔治·米勒曾给出的定义，其容量等于"7±2"个信息单位。我们稍后再叙更加详细的内容，现在则留意一下另一种记忆方式。

长时记忆是稳定的神经联系，其中能留存到生命尽头的信息不计其数。你还记得我们的大脑所设下的限制吗？正是因为大脑顾忌到记忆力的容量，避免信息过载，所以才设定了不同的筛选机制（如短时记忆过滤法），避免记忆不重要的信息。

现在，让我们分析下面的例子。

一个准备迁居至新领土的部落委派两位猎人去寻找适合的地点。在森林里闲逛时，两人对眼前陌生密林中大量的野生植物感到万分惊讶。突然间，一株植物吸引了二人的目光。这是一株长满白色斑点的红色植物。历经长途跋涉，红色植物在森林清新的空气中显得格外诱人。所以两位猎人决定尝尝看。其中一位猎人发现味道还可以忍受，于是又采集了15株，一个接着一个吃完了。不一会儿，他开始发觉自己的身体有些不对劲，然后变得更加难受，几乎要死掉了。另外一位猎人看到发生的一切，深受打击，不住地轻微颤抖，决心跑回自己的洞穴去吃一些催吐的食物。可在回去的路上，他总感觉似乎有人在跟着他，但他满脑子都只有刚才发生的事和现在必须要做的事，所以一直没有理会这件事。

回到洞穴后，猎人向洞穴中的一位擅长采蘑菇的人及经验丰富的第三个猎人说明了事情经过。听完猎人上气不接下气的悲痛叙述后，擅长采蘑菇的人深思了起来。擅长采蘑菇的人是个清醒且善于刨根问底的人，知道红色植物的服用量有可能瞬间致死，所以需要尽快从受害者嘴里听到详细的描述。经过一番盘问后，擅长采蘑菇的人认为森林里的植物是毒蘑菇，但第三个猎人依旧持有迂腐的看法，认为蘑菇不是男人吃的食物。由于疲于讨论，擅长采蘑菇的人直接离开了。

　　这个情形不太现实，但是很直观。你认为故事中的人物分别记住了什么？会记住多久？

人物	会记住……	辅助记忆的因素	不利记忆的因素
第一个猎人	无	事情的重要性，亲身经历	死亡
第二个猎人	全部	亲身经历，认为事情非常重要，脑海中长期留有信息，向旁人转达	情绪过激，受毒素影响
第三个猎人	几乎不记	得知第一手消息	缺乏兴趣，无亲身经历
擅长采蘑菇的人	几乎全部	职业兴趣，了解相关的知识	无亲身经历

信息筛选机制就是这样运作的：信息在短时记忆中留存的时间越长，就会被赋予更多意义，能唤起更多的情感，这样才有可能被长久地记下来。不过，也不是所有的事情都能被牢牢记住。比如说，擅长采蘑菇的人能记住蘑菇的颜色、大小和猎人所描述的其他直观信息，但会忘掉贯穿描述的词语及句子顺序。这是因为只有最重要的信息，才能透过记忆过滤器呈现出来。当然，这也是大脑所希望的，所以信息筛选机制中还包含着情感成分。

基于此原理，人们可以掌握信息机制并且记下所有想记的东西。其实这并不困难，只需要以相同的语言和信息机制进行交流即可。既然人类利用电脑时能使用特殊转码器进行交互，以数据形式表达成人类能理解的语言，那么记忆的技巧就是这类"转码器"。这些特殊的记忆法以大脑习惯的方式向它传输信息。

最简单的例子如下：

请试着在 15 秒内记住表格中的一组字母：

A	E	I	M	A
N	R	N	U	S
D	Y	G	C	I
E	T	I	H	E
V	H	S	E	R

记住了吗？

如果你没能把表格中的信息转换成熟悉的格式，恐怕很难成功。请再认真看一遍，并找出句子"And everything is much easier"[1]。

现在的你是不是正在按列从左至右读这个表格？这种方法被称为"排序法"，是每个人都多多少少使用过的最简单的记忆法。

你是否拥有过人的信息量并不重要，因为特殊的记忆法可以使任何人都能记住无限的信息。如果将这个过程比作开车则是：如果你与舒马赫[2]比赛，路线是从 A 点到 B 点，就算舒马赫能开得更快，也不一定会赢过你，因为你可以找到新的规则——从近路行驶。

在本书中，你将找到"道路通行"的交通规则及使用"交通工具"的说明。

---

① 此处翻译为：一切都简单多了。
② 迈克尔·舒马赫（1969—），德国一级方程式赛车车手，现代最伟大的 F1 车手之一。

智力和记忆力

Интеллект и память

我们的本质反映在我们的行为中，

因此追求完美不是一种行为，而是一种习惯。

——亚里士多德①

---

① 亚里士多德（公元前 384—前 322），古希腊人，古代先哲，世界古代史上伟大的哲学家、科学家和教育家之一。

很少有人知道：生活中其实并不存在所谓"智力"一说。

在这里，读者可能会问：那么，本节标题中为什么要提到这一概念呢？

其实，智力更像是一种适用于表述不同聪明才干的词汇，诸如是否能解决新问题、达成既定目标或是形成相应的世界观等。迄今为止，关于"智力"，学者依旧没有提出确切的定义。有时，我们试图理解智力的实质，但所能做的只是从不同方面总结特定的行为特征。

但是，从人与环境相互影响的角度来看，我们能够划分出四个智力发展的方向，它们将从不同的方面全面地反映出智力的实质。其中包括：

一般智力因素；

社会智力；

积极思维；

创造性思维。

每一种认知功能都和记忆力有着千丝万缕的联系，因此锻炼后的记忆力将提高个人效率。

一般智力因素

如果你一周去三次健身房，每次都全身心地投入锻炼，那么你一定会有所变化。比如说，镜子中的形象有所改变，推举的重量增加……

可是，智力不同于体力，智力无法从人体中被简单而精准地测量到。因此，我们如何才能衡量不存在明确界限及定义的事物呢？为了改变这种不合理的情况，人们提出了"一般智力因素"的概念，或称"因素 G[①]"。该因素将从整体上影响到有关智力的问题能否顺利解决。

如今，IQ 测试已是无人不知，也是最普遍、最方便的定义"因素 G"的方法。这种方法的本质在于量化同龄人之间相对平均的智力水平。通常，IQ 的平均值等于 100，但具体数值有所波动，68% 的人智商会在 85—115 这个区间内（如图 1）。

---

① G 代表 "General Factor"，即一般因素。

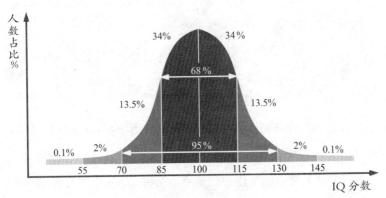

图 1　智力水平评价

有关 IQ 的有趣真相：

国民平均 IQ 的差异和经济发展（人均 GDP）的差异相关。IQ 越高，GDP 也就越高。

劳动生产率方面 29% 的差异可以用 IQ 来解释，并且 IQ 高低对以体力劳动为主的工作有一定的影响。其原因就是：IQ 测试结果为优的人，掌握知识和技能的用时更短。

IQ 只能用来解释不同的人所拥有不同社会地位的原因（这里只能说明 40% 的差异）及不同收入的原因（这里只能说明 60% 的差异）。

IQ 对人们的收入或多或少都有本质的影响。这种影响与一个人的家庭条件和社会地位无关。IQ 高的人的死亡率往往也较低，他们更少遭受病痛之苦。其原因大概是他们收入更高，思维也更为理智。

IQ 测试在西方是挑选天才儿童的方法，经常用来为儿童制订独特的速成教育计划。

大量西方国家的研究可以表明：高智力（据 IQ 测试定义）对个人能否取得成就具有积极影响；同时，拥有高智力的人获得优良教育及受人尊重的工作的前景更为光明，事业上晋升速度更快，个人生活也更为成功。

IQ 测试基于两种智力类型的定义，即遗传性智力（晶体智力[1]）和动态智力（流体智力[2]）。下面的表格展示了这两种智力的主要差异。

智力	晶体智力	流体智力
使用……	长期记忆	短期（工作）记忆
对应能力……	掌握技能、知识和经验	解决新任务，逻辑性思考，确定联系和掌握规律性

[1] 实践中以习得的经验为基础的认知能力，如人类学会的技能、语言文字能力、判断力、联想力等。

[2] 以生理为基础的认知能力，如知觉、记忆、运算速度、推理能力等。

续表

智力	晶体智力	流体智力
能够进一步发展吗？	可以，晶体智力在人的一生中是随着词汇量储备和整体知识的增多而不断增长的	流体智力的高低经常取决于**工作记忆**的强弱。在很多学者看来，这一论点是恒定不变的

你大概已经注意到工作记忆在表格中被特意加粗了吧？这是因为工作记忆是整个脑力体系的基本要素：流体智力是否高效取决于工作记忆的强弱，而其又对晶体智力的增长快慢起决定性作用。

接下来，我们先看一个关于工作记忆的简化版模型。

下面的示意图中画了 7 个圆圈。人们通常会认为：这 7 个结构信息单位是短时记忆保存信息的极限；而且，信息能够分成组（类似词语而不是字母），从而极大地提高记忆力。举例而言，你无法记住 25 个字母"рапалипееелпокдлиеонжьстур"，但可以轻松记住由这些字母组成的两个单词组合："параллелепипед и окружность"（平行六面体和圆周长）。

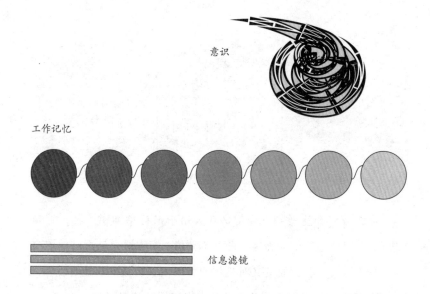

意识

工作记忆

信息滤镜

我们再来研究下一种情况。你决定给手机充电，于是进入房间，一边推开门并开灯，一边思考着明天的计划（注意，所有耗费脑力的活动都要利用短时记忆的回路①）。而记忆的信息过滤器判定，明天的计划更值得储存在长时记忆中。因为意识通常只能集中于一件事上，所以你的大脑会对这件事留意很久。

突然，电话铃响起——一个不认识的号码。你接起电话并试图认出讲话人。讲话人的嗓音似乎有些熟悉，但你没能准确辨认出来是谁。

---

① 由支路所构成的闭合路径被称为"回路"。

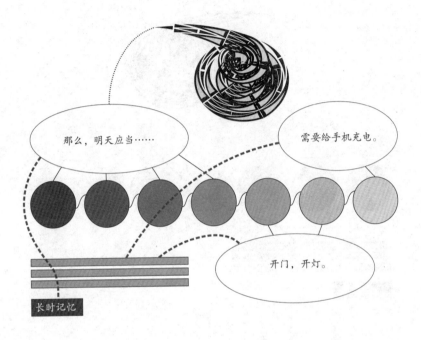

你所有工作记忆的回路都被新的信息填满了，意识断断续续地停留在目前所维持的谈话上，并且试着辨认出未知的声音。因为我们暂时还不清楚事情的重要顺序，所以信息过滤器将把所有事项都渗透进长时记忆中。

这时，你聊着天，终于意识到是谁在给你打电话，于是试图回忆起自己一开始为什么要进入房间。

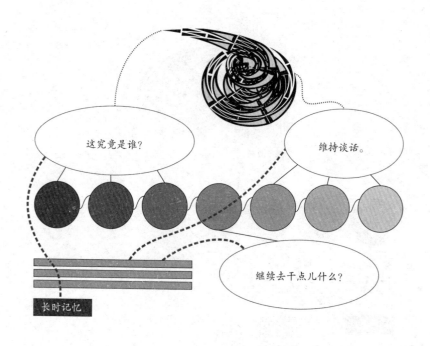

这究竟是谁?

维持谈话。

长时记忆

继续去干点儿什么?

没想起来吗?

其实这也没什么，问题在于记忆回路已经被新的信息填满了，而早先的信息又没有被信息过滤器留下。所以，你只能回想起明天的计划，却已经记不清进入房间的目的了。类似的情况相当常见：有时，你准备喝药，然后发现手里一直攥着药片，但水已经喝完了；或是有时丢掉了要用的东西，垃圾却还留在身边⋯⋯

这类问题的原因就是注意力缺陷综合征（简称"ADD"）。1997 年，心理学家拉塞尔·巴克利首次将 ADD 和工作记忆所存在的缺陷联系了起来，并引来了不少关注。在这之前，就有统计指出：ADD 患者负责行使工作记忆职能的大脑区域远远小于健康人，所以工作记忆对应的正是 ADD 患者难于应付的环节。为此，拉塞尔·巴克利研究证明：工作记忆负责集中精神，即你可以一边逐步完成任务，一边延续即时的行动计划。这样，既不会转移注意力，也不受无用的信息干扰。

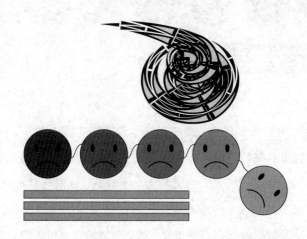

　　现在，我们逐渐接触到了本节最重要的问题。人有可能开发多模态 ① 的工作记忆吗？这可以像健身一样，全力以赴锻炼一个月后就会看到明显的效果吗？

————————

① 狭义上包括视觉、触觉和听觉等感官感受，文中的多模态记忆指利用两种以上的感觉共同记忆。

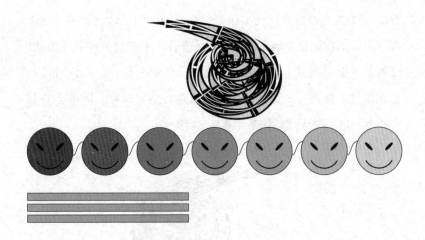

　　为了阐明事实真相，瑞典研究学者苏珊·雅吉和马丁·布斯库尔设置了一场特殊的实验：他们挑选了四组志愿者，分别训练8天、12天、17天、19天，每天均为半小时，以此锻炼其短时记忆。

　　结果非常明显：实验者接受短时记忆训练的时间越长，流体智力测试的数据就提高得越明显。而且，虽然控制组[①]智力测试的分数同样提高了（因为他们也多次重复地进行测试），但训练组还是遥遥领先。经过一段时间后，这项研究于2010年再次进行，佐证了初步的结论。

　　那么，如何进行训练呢？

――――――――

① 即对照组。本文指无训练组，是同实验组进行对比的单位，不受无关实验变量影响。

目前，最高效且最快速的方法是进行 N-back 练习 [①]，网上可以找到很多 N-back 练习的延伸练习法，如下象棋、做数独、上数学课、阅读等。如果你所阅读的文章语义难点较多而且词法结构非常复杂，那么 N-back 练习会更加好用。这一练习法的关键就在于，要使工作记忆在较长的一段时间内保持集中。

阿尔伯特·爱因斯坦医疗中心曾经对 465 名 75 岁以上的病人进行了衰老测试。被试者详细地叙述了自己五年间的日常活动。通过记录他们的活动频率及内容，学者进行分析后发现：认知能力受活动方式的影响。阅读、下象棋、演奏乐器和跳舞有利于降低老人患阿兹海默症 [②] 的风险。其中，下象棋最为锻炼思维。

另外，瑞典卡罗林斯卡研究院的研究学者得出以下结论：良好的效果只有在被试者长期从事一项活动时才能显现，人不可能一个月下三四次象棋就发生质的变化。

由此可见，工作记忆就像肌肉，只有长期经历极限强度的压力，才能取得训练带来的实质性好处（不过，通常一周后就能注意到效果）。

[①] N-back 练习要求被试者将刚刚出现过的刺激与前面第 N 个刺激相比较，通过控制当前刺激与目标刺激间隔的刺激个数来操纵负荷。

[②] 一种起病隐匿的进行性发展的神经系统退行性疾病。有记忆障碍、失语、失用、失认、视空间技能损害、执行功能障碍等临床表现。

社会智力

社会智力通常意味着高效沟通、善于理解他人思维、维持良好人际关系的能力。可是，社会智力和记忆力的纽带究竟是什么呢？

记忆力本身无疑是一切活动的基础。尽管人类易于忽视记忆潜力，但实际上记忆潜力能帮上大忙并取得难以估量的结果。人如果可以有针对性地运用记忆潜能，就可以在社会中有所成就。下面，我就这一观点展开论述。

成就	运用记忆力……
掌握雄辩术	在头脑中保持言语连贯并维持和观众间的视线交流，不被纸片上所写的文字干扰注意力
提高个人在大型团体中的名望	无论你是何时何地和对方结识的，都要知道所有人的名字。这一点对领导者和老师而言尤为重要
在面试中赢得更多机会	提前记住相关公司的大量实际情况，从而使人事部大吃一惊
在谈判时高效地把握信息	将一切重要信息印在记忆里并及时对外反馈

续表

成就	运用记忆力……
易于和任何人找到共同语言	保持丰富的词汇量和开阔的眼界。熟悉谁演过什么电影，或是哪个队伍在哪年赢得了世界杯等
擅长活跃谈话气氛	知道很多笑话和其他有趣的故事

　　理解记忆法同样有助于达成社交方面的某些优势。比如说，边缘法则（开头和结尾的话语往往最容易被记住）可以解释为什么良好的第一印象尤为重要，为什么和人见面时要微笑，以及和平分手时人能够得到什么。

　　之后的章节将逐一详述上面列举的情况，本节只需要阐明记忆和交际的共通部分即可。这里必须说明的是，虽然本书的主要目的是帮助人们提高智力，并且通过增强记忆力提升个人效率，但与此同时，这里还存在逆向影响：发展智力或开发其他技能也可以对记忆产生积极影响。

　　前不久，密歇根州立大学的学者进行了两项研究。第一项旨在探明记忆功能和社交之间的联系。密歇根州立大学对24岁至95岁不等的3610位参加者进行了性别、年龄、种族、婚姻状况、收入情况和健康状况等人口统计指标的调查后发现：参试人员的社交频率和记忆功能确有联系，一个人在社交方面越活跃，他的认知体系就越发达。

第二项研究中，18 岁到 21 岁之间的 76 位大学生参试者被分为三组。第一组学生参与时长 10 分钟的社会问题讨论，第二组学生在相同时间内进行了几组益智练习，而第三组学生则是控制组（对照组），看了 10 分钟的短视频。研究结果表明：短时社交提高记忆力的程度和益智练习几乎一样。

积极思维

人们曾在芝加哥进行过一场实验，试图判断"积极的预期"在达成目标的过程中起着什么样的作用。两组被试学生均需要训练大白鼠，只有第一组的学生得知他们的实验鼠是特殊品种，而第二组则认为他们的实验鼠只是最普通的老鼠。

可能你已经猜到了，第一组学生比第二组学生更好地完成了任务，尽管无论是学生还是动物，二者都不存在什么差别，只是学生确信两组老鼠的品种不同。

类似的实验还进行过很多次，并且这类实验在其他领域中也很常见，都证实了上述事实。坚信自己拥有物质优势的人能够取得相应的成就，即使这种优势实际上并不存在。

来自丹佛大学医院的辛西娅·麦克雷医生对 40 例帕金森①病患者进行了实验。其中 20 人以头颅穿孔的方式进行了安慰性手术，但没有注射任何有效成分。看到这里，大概你会同情这些患者，毕竟他们看起来就像是实验的牺牲品，莫名其妙地遭受了头颅穿孔。

但结果恰恰相反！在 20 位接受了安慰性手术的患者中，有 18 位都见效了，而经历了真正手术的 20 位患者中只有 12 位被治愈了。毫无疑问，专家不可能找得到解释。

其实，这次的头颅穿孔手术，不一定是由于安慰剂才成功的，积极的思考方式对心理健康而言同样重要。如果一个人不擅长积极思考，那么面对焦虑时很可能会采取极端的措施，从而导致负责分析情感和解决问题的大脑前端皮层萎缩。有研究证实，焦虑会阻碍神经元细胞的再生。

除此之外，人们都知道，心情糟糕时，IQ 测试的得分更低。

看到事物时，保持专注是积极思维的基础。你在任何一本关于 IQ 的书中都可以读到这样的观点：追随目标和信念，控制思想和情感异常重要。但有时我们总是为了应对外界环境，不得不服从内心。当然，这也是我们的本能反应。

积极的思考方式是一种习惯，若想保持这种习惯，必须从根本上改变自己，一两次的决定或行为没什么意义。如果想促进这

---

① 一种常见的神经系统变性疾病，老年人多见。

种转化，实现长时记忆的质变并且使积极思维成为"自我"的根本特征，那么有一种简单的方法可以用。

这一方法早已非常知名，并且被很多畅销书作家广泛推崇并用以实现自我发展，但由于缺少立竿见影的效果，时常被人忽视。

由于这种方法的常用名称很容易"惊"到那些"怀疑论"者，所以描述具体内容时，最好避免提起名称。如前文所述，积极思维需要关注一切正面情感。换句话说，不要执着于问题，而要着眼于问题的可能性。比如说，如果你只是对自己发誓："从明天起，我要'正向调节'，要将注意力放在好事上，而不是坏事上。"那么这类要求专注力的想法很难一直留存在脑海里。即使你把写着"正向调节"的小纸片贴在浴室镜子甚至天花板上，一段时间过后你也很可能会把它们抛之脑后。

相较而言，最好实施另一种方案：在一年内，每天记录发生在你身上的3—5个闪光时刻。这些闪光时刻可以是你取得的成就、达到的目标、完成的任务或者仅仅是一些愉快的场景。虽然每天花在记录上的时间不会超过两分钟，但结果一定会令你讶然。这个方法通常被称为"日记法"或"成功日记法"。这个方法的实质不在于日记，而在于要养成关注自身成就的习惯。

如果想要一石二鸟（甚至三鸟）从而使右脑得到锻炼的话，你可以用左手并用所学的外语把这些事记录下来。

创造性思维

想象力统治世界。

——拿破仑·波拿巴

罗伯特·迪尔茨是神经语言系统学（NLP）的早期创始人之一。早先，他着手研究天才和普通人的不同之处，并且对亚里士多德、达·芬奇、莫扎特、爱因斯坦和弗洛伊德①等著名创造者的思维活动模式进行了分析。在《天才的策略》一书中，罗伯特·迪尔茨具体描述了其研究成果。在此，我们将列举一些罗伯特·迪尔茨所揭示的天才特质：

1. 天才拥有发达的抽象思维，这类人擅长利用图像和视频进行形象化思考。

2. 他们掌握通感能力，即通过刺激某一感官而激发自身另一感官的感受。

3. 他们能够轻易地在不同思维方式之间转换，可以从第一人称切换到第二乃至第三人称的视角，或是进行逆向思考。

这些特质在很大程度上决定了一个人创造力的高低，而创造力正是一个人能否增强记忆力的良好基础。但反过来说，通过训练记忆力，一个人也可以增强自己的创造力。本书所表述的记忆

---

① 西格蒙德·弗洛伊德（1856—1939），奥地利精神病医师、心理学家，精神分析学派创始人。

法大多都建立在想象力的基础上，即通过构建联想链，在大脑中绘制出不规则的图像并使信息之间产生联系。这些方法可以进一步促进想象力和创造力的发展。要想在记忆领域取得成果，就必须掌握这些方法，其他领域同理。

心理学家艾伦·理查森对一支篮球队进行实验，证明了创造性活动及想象的力量是不容小觑的。心理学家将队伍分为三组，对每一组的实验结果都预先进行了估测并加以组织训练：第一组运动员每天在体育场训练；第二组运动员不做练习；第三组运动员只进行思维训练，想象自己投篮、得分以及大比分获胜的情形。

一段时间后，心理学家得到结果：参加思维训练的第三组运动员完全不亚于在运动场训练的运动员，成绩提高了24%；完全没有参加训练的第二组运动员没有任何进步。就结果而言，虽然创造性的抽象思维训练效果非常显著，但人们必须合理利用该实验结论，不应仅依靠思维训练，还应添加适量的实践。可视化训练作为额外训练时有所助益，但终究不能代替主要训练。

实际上，衡量创造力的所有标准都和记忆力的训练有关，如思考速度、独创性、灵活度、形象思维和隐喻表达的能力等。在训练记忆力时，创造力也能得到发展，并且上升到新高度。如果你有意识地锻炼自己的想象力和其他潜能，就能够创造奇迹：不仅能够做出更恰当的决定，提升自己的技能和才干，还能从整体上提高生活质量。

动机和专注力

Мотивация и концентрация

如果你对一切都失去了兴趣，
就会丧失记忆力。

——约翰·沃尔夫冈·歌德[①]

---

① 约翰·沃尔夫冈·冯·歌德（1749—1832），德国著名思想家、作家、科学家。

还记得前文中将自己想象成大脑的练习吗？当时，你在大脑负责认知的区域设下了重重限制，而短时记忆过滤系统就是其中一种限制方式。当时我们已经探讨过相关内容，现在是时候进行下一步了。

短时记忆过滤系统这种约束是大脑自我保护所必需的一种措施，只是这一次不是为了防止信息过载，而是要避免资源被无谓地浪费。缺乏兴趣（或是出于懒惰）时，这类限制会禁锢你的活力，反之，如果你对一件事充满兴趣，就能迸发出额外的力量。

动力是一切自主记忆的基础，在其他条件（干扰因素、健康状态等）相同的情况下，动机的强弱决定了记忆的质量。

阶段	注释
培养兴趣	寻找行为动机或自我激励方式

续表

阶段	注释
解读材料	揭示相关的联系，理解含义或干脆死记硬背
重复记忆	即使有些信息会在一天之内（尤其是梦里）自动重复，仍要自觉复习重要的材料，从而记得更加深刻

对于记忆的不同阶段，产生记忆动机或兴趣不仅是第一步，也是基础。当别人问我如何做到既能记住材料又能记住全部的课程内容时，我会回答："最重要的就是对记忆内容感兴趣，理解其重要性，并且清楚地知道你想记住的事物是有用的。记忆技巧只不过起着协助作用。"

除了动机和兴趣，我们还需要保持专注。只有保持专注才能培养良好的记忆力。专注则意味着要将注意力集中在某些特定信息上，使工作记忆被那些信息填满。**事物在短时记忆中留存的时间越长，记忆也就越清晰。**

想象一下，你在读书的同时看着电视。如果你对书的内容不怎么感兴趣，而材料又很难读，那么你只能记住一点儿东西。

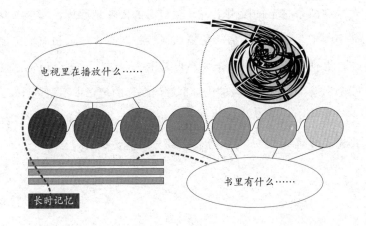

如果你的意识一会儿集中在书里，一会儿集中在电视节目上，那么信息过滤器只会保留最重要的部分。

现在，请你想象书中最引人入胜的情节：

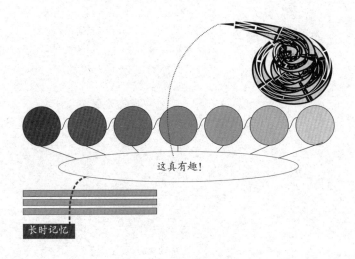

在故事情节的吸引下，你开始更加快速地阅读，完全沉浸在文字当中。渴望阅读的心情更加强烈，同时，你也相应地更加专注，电视里的吵闹对你来说不再是干扰。这时，短时记忆过滤器完全生效了，因而所有的内容都逐渐在你的记忆中定型。

关于记忆的前提解释到此结束，为了确认你能够完全理解，我建议再简要浏览一下关于这一部分的摘要总结。

摘要

Резюме

天才就是专注。

——弗里德里希·冯·席勒[①]

---

① 约翰·克里斯托弗·弗里德里希·冯·席勒（1759—1805），德国 18 世纪著名诗人、哲学家、历史学家和剧作家，德国启蒙文学的代表人物之一。

记忆是重现事物的能力。

记忆的类型有两种：

1. **短时记忆**（工作记忆），能在意识中保留大约 7 个信息单位，常常用于：

· 在意识中保存所做工作的关键信息。

· 在头脑中计算，如何进行下一步。

· 交流，观察事物并且牢记任务委托。

2. **长时记忆**，包括经验和技能。是信息的贮藏库。举例而言：

· 词汇、首都名称、重要的名字和日期。

· 汽车在超市停车场的停泊位置（通常记忆过滤器认为这个信息相当重要，不过也有例外）。

· 游泳、走路、沟通的能力。

当信息越过大脑设下的限制（即记忆过滤器）时，长时记忆就会被激活。信息在意识中留存的时间越久，唤起的情感越丰富，就越容易透过信息过滤器被储存下来。

Помнить всё.

通过对工作记忆的训练，智力本身可以得到发展，因为工作记忆可以同可变智力（即流体智力）相比较，且后者决定了晶体智力（即长时记忆）的增长速度。

在社会智力的发展过程中，优秀的记忆力能带来很多优势。比如说，擅长记忆人名，进行发言时能够运用广泛的词汇量，善于谈判等。

积极的思考应当像走路一样逐渐养成习惯。只有从实质上改造我们的长时记忆，才能够在这一方面取得成效。

利用记忆技巧可以高效地提升创造力。

动机的强弱对记忆事物尤为重要，因为明确的动机使我们得以激发内在的潜力，否则人就不可能取得重大成就。只有动机明确才能保持高度专注。

第一章

Часть I

无须事先准备

Без предварительной
подготовки

Помнить всё.
Практическое руководство
по
развитию памяти

仅仅拥有好的头脑还不够，

重要的是，要善于利用它。

——勒内·笛卡尔[1]

---

[1] 勒内·笛卡尔（1596—1650），法国著名哲学家、物理学家、数学家、神学家。

章节导读

在接下来的四节内容中，我将向你介绍一些无须做准备即可轻松掌握的基本记忆法则和技巧。这些法则和技巧都旨在突破两个主要障碍——大脑本身设置的短时记忆过滤器和动机过滤器。

第一节和生词记忆有关，该节指出究竟什么是联想及如何利用联想记忆法。

接下来，以记忆食品清单为例，你将了解如何运用"解构性"记忆法记忆信息。

在"姓名和相貌记忆法"一节中，本书提及了利用已知信息的记忆法。

最后，在总结全章的"外语记忆法"中，即可不自觉地重复重要的记忆法则及具体实践方法。

在阅读这本书时，最好从头到尾细读每一节的内容。不必担心那些令人困惑的地方，书中之所以没有刻意对所举的例子进行详细的阐释，就是为了培养读者的自主理解力，而且能够避免信息重复，不必再解释说明前文中所涉及的部分。如果你还是担心会对内容产生疑惑，那么请阅读章节最后对材料的解释说明，这样一切都会非常清晰明了。

生词记忆法

НОВЫЕ СЛОВА

语言的财富就是思想的财富。

——尼古拉·卡拉姆津 [①]

[①] 尼古拉·米哈伊洛维奇·卡拉姆津（1766—1826），俄国作家、历史学家。

最开始，我想祝贺各位会俄语的读者，因为你们已经属于那4%掌握有力表达方式的人了。大多数精通俄语、受过教育的外国人和艺术文化活动家都确信：俄语是他们已知的所有语言中最丰富、最生动的语言。法国科学院院士、作家普罗斯佩·梅里美[①]说过："据我所知，俄语是欧洲语言中最丰富的语言，它似乎是特意为表达最微妙的对话氛围而创造的。俄语的简洁程度令人惊奇，一般用一个清晰明了的单词就足以传达其他语言需要用一整个句子才能表达的思想。"

关于俄语清晰而优美的特点是有数据证明的，你可以试着猜一猜：俄语中大约有多少个单词。语言学家认为至少有50万个单词，这还不算专有术语和科学术语（这些词汇会使总数翻倍）。虽然这个庞大的数字超出了人们的想象，但要想确切地阐明思想本质，可能100万个词汇也解释不清。请自行想象：当你于脑海中思考时，逻辑是多么无懈可击，但一旦试图把思想表达出来或是写下来，那么……维克多·佩列文的长篇小说《"百事"一代》

---

① 普罗斯佩·梅里美（1803—1870），19世纪法国现实主义作家、剧作家、历史学家。代表作《高龙巴》《卡门》等。

中出现了以下情节：主角沉溺于个人的极度狂喜中时，立下结论：
"就是说，根本没有所谓的死亡……至于原因？因为微不足道的东
西会消失，但地球始终存在！"

虽然维克多·佩列文的"理论"比较偏激，但其中也有可取
之处。比如说，我们可以从他的论断中得出：思维是第一性的，
而语言是第二性的。如果百万词汇量仍不足以表达所有思考内容
的细微差异，那对于词汇量仅有 3000 到 5000 之间的大多数普通
人而言，谈何效率呢？更别说是否能和一个人找到共同语言或是
理解自己所读的文学著作了。

说到这里，你可以认为我们刚刚结束了序言部分。所以，你
现在可以做决定了：是否需要优美而充实的语句？是否希望获得
广博的词汇量？

如果答案是肯定的，那么你就做好了初步的准备。还记得前
一部分所提出的框架吗？没有动机就谈不上记忆。提高词汇量是
必要的，因为人的一生中平均以一周一词的速度丰富自己的语言。
了解这一点后，可以使你在这场已然投身其中的竞赛里更快地取
得进展。

如何记忆词汇，什么是联想？

当你学习到一个生词，接下来的几天处处都会听到它。那么，
那这件事就太值得庆贺了。这样一来，每接触到一个新概念，你

的联想网络就会更完善，因为联想会使这个词更加长久地保存在长时记忆的贮藏库之中。

联想会利用一系列片段将几个概念彼此关联起来。比如说，第一次见到"飞机"这个词的小孩会把这个词和具体的物体相联系，会想到自己的玩具。成年人则持有总结性的概念，因为他已经接触过了各类飞行器，从纸飞机、玩具小飞机到玉米机①和大型波音飞机。因此，就算心智受到了极大冲击，"飞机"这个词也不大可能会从成年人的长时记忆中剥离。

由此可见，牢记一个概念时我们要模仿成年人对飞机的认识过程，也就是刻意将新词汇放置在联想链上。

请你认真看下面这个例子，并且通读以下词汇：

etymology（词源学）	collision（碰撞）
retroactive（追溯性）	aberration（异常行为）
euphemism（委婉说法）	preventive（预防的）
gentile（外邦人）	hypermnesia（健忘症）
ambivalence（矛盾性）	syncope（昏厥）

---

① 安-2 运输机，是一种苏联农业运输飞机的口语表述，因最初用来防治玉米虫害而得名。

如果你已经熟悉了其中大部分词汇，那就太值得祝贺了，说明你的词汇量已经远超常人。不过，不熟悉也只是暂时的情形。读完本节，就算不复习，你也一定可以把以上大部分词汇牢记一生之久。表格中一个词都没见过的读者也可以通过分析其中的两到三个例词来学习记忆方法。

首先从 etymology[①] 开始。首先，我们需要给出以下定义，即"语言知识的一类，研究词汇的起源"。

现在看看"**etymology**"这个词的**词源**。希腊语中 étymon 意为"词汇的真正含义"，而 lógos 意为"学习"。"lógos"非常好理解，很多学科都是以类似形式为词尾的，如 biology（生物学）、psychology（心理学）、anthropology（人类学）。"étymon"则难一些。为了牢记这些术语概念，需要按照词语的组成要素把它们划分开。这一术语的某些部分很有可能通过联想已经和你知道的一些东西相关联（如"lógos"）。在这里，我们要做的就是记住词汇的前一部分。为此，我们需要建立助于理解记忆的枢纽（即联想）。接下来，让我们先回忆一下发音相似的词汇。如果思考良久却一无所获，那就进行下一步——牢记这一概念的含义。至于未完成的上一步（思考，回忆）怎么办——不要担心，一切尽在掌控之中。

为了进一步理解含义并深化记忆，我们需要进行以下步骤：

---

① 译为：词源；词源学。

首先要看一看该概念适用于何处以及应当如何应用。我们可以在维基百科中查找到以下例句：

"词语 тетрадь（课本）具有希腊**词根**（**etymology**）。[1]"

"提出全新**词根**"，意味着对词语的起源有新的见解。

除此之外，**词源学**也研究姓名的由来，因为姓名也是词汇的一种。因此，你可以在任何搜索引擎中查询：

"姓名 X 的**起源**。"

其中，X 是使你感兴趣的名字。

其次，为了将词汇纳入积极词汇储备，我们要用这个词造句。比如说，造一个疑问句：

"Eskimo（巧克力雪糕）一词的词根和 Eskimos（因纽特人）有什么联系吗？"

这个例句很恰当，因为"Eskimo"的第一个字母和"etymology"的第一个字母相同，而且还添上了"Eskimos"一词。让我们特别留意一下这个例句，从而更好地记住它。之后，字母"e"会帮助我们回忆起词语的前一部分。

工作很烦琐（并且这还仅仅是为了记忆一个术语），主要是因为这个概念本身就难以理解。但不管怎么说，对一个词语细加分析总比每次见到它都查字典更明智。

看下一个词。

---

[1] 本书原文为俄文，故词根组合与英文有偏差，读者意会即可。

"collision（冲突）"这个词源于拉丁语，和"conflict（矛盾）"是同义词。这个名词有很多意义：在地理学中，它指的是大陆板块相互碰撞；在法学中，它指的是法律法规相抵触；在社会学中，它指对立方的利益相冲突。我们可以通过一个例子记住词汇的发音和含义，这就要提到最著名的建筑古迹罗马角斗场（Romeco-liseum）。尽管这两个词语的词根有异，但它们的发音非常相似，而且意义相近。无疑，在读者对角斗场（coliseum）一词产生的一系列联想中，一定会出现角斗（gladiator fights）和敌人间的**斗争（conflict）**。我再提出另一个联想：请想象一下，在角斗场进行角斗时，两辆战车（chariots）相撞了；撞击（collision）威力如此之大，以至于战车被撞得粉碎。

如你所见，不是所有词语的分析法都像"etymology"一样繁复。请继续往下看。

aberration（反常行为，偏差）。我们能找到如下解释，即"这是某些节肢动物门①和鞘翅目②分类学中的一个亚种分类"。

不知道你怎么看，但我很不喜欢这个说明。我再找一个解释："aberration，是不符常规的行动，是一种错误、失调的行为。"用这个解释后，一切都明了多了。在拉丁语中，"ab"这个前缀译为

---

① 节肢动物门是动物界最大的一门，通称节肢动物，包括虾、蟹、蚊、蝇、蝴蝶、蜘蛛、蜈蚣以及已灭绝的三叶虫等。

② 昆虫纲是动物界中种类最多、分布最广的第一大目。种类繁多，系统复杂。这个类群的前翅角质化、坚硬、无翅脉，称为"鞘翅"，因此而得名。

"离开","errare"则译为"漫游"或"迷路"。如果有人会英语，或是会用电脑，他就会注意到"errare"听起来实际上像是英语的"error"，即"错误，谬见"的意思。而这一英语词汇的词根很可能也是拉丁语，所以那些懂拉丁语的人可以在这一阶段进行深一步的联想。

考虑到词根源于拉丁语，你可能不知道应当如何利用词根去熟悉这个词语或是采取什么联系以加深记忆。因此，请你出声读3—4次aberration（重音在第二个a上），它像是哪个词呢？aberration-operation（行动、作业），这两个词的发音应当非常接近了。

现在，我们可以想出一个使这两个概念相关联的句子。比如说：

"由于前线传来的路线信息有所**偏差**（**aberration**），运输车辆发生了**碰撞**（**collision**），所以军事**行动**（**operation**）失败了（在你的想象中，如果是迷彩涂装的货车撞上了火车，效果会更好）。"

还有一个例句：

"记忆出现了**误差**（**aberration**），新的回忆取代了旧的回忆。"

这样一来，我们已经掌握了理解词语的方法，现在可以构建你的记忆体系了。如上一章所叙，对任何事物的记忆都要经历三个阶段：培养兴趣—解读材料—重复记忆。

培养兴趣。首先，我们要意识到：在各种情境下和不同的人

记忆编码

沟通时，丰富的词汇量能够使你获得更多的成功机遇。其次，我们要明白，相较于时时查阅词典，一次花费一分钟把一个词分析透彻更好。

解读材料。读一读词汇的定义（最好找最简单易懂的定义），理解该词的词源。如果这样还记不住，那么就从这个概念出发，建立各种各样的联想，可以通过一个句子把需要记忆的词汇和与其发音相似的词联系起来。联系越多，记忆就越牢靠。

重复记忆。如果你一口气记忆了几个词语（超过四个），应当把它们记录下来，第二天再次复习，巩固记忆中已经建立的联系。在记忆一两个词的时候可以只是自行想想，过一会儿再回忆一下。但也时常出现一个人必须迅速记住上百个术语的情况。这种情况下就必须运用"生词记忆法"中记述的策略。

让我们分析一下其余例词。

hypermnesia（记忆增强）是一种过度记忆信息的能力，通常是天生的。这个词是希腊词根。"hyper"意为超过，"mnesia"则是记忆。如果你不认识 mnesia（回忆、记忆）这个希腊语词，也不需要特意去记，因为在阅读本书的过程中你还会不止一次地遇到这个词。

但丰富的联想总会使思维变得更加开阔，所以补充联想变得很重要。在这里，我列举一个故事，这个故事里的俄罗斯人的经历值得在任何关于记忆的书中一提，因为他所做的实验使很多人都大为震惊，如果你了解了其中的真相，那么你也会惊讶的。

所罗门·谢列舍夫斯基虽然从小就知道自己记忆超常，但一直没意识到自己的记忆力异于常人。一天，谢列舍夫斯基和平日一样进行记者工作时，却因为委托清单的事，被主编叫到办公室批评了一番，还险些被"除名"。

事情的原委是这样的：因为上司委派完委托清单的任务时，让谢列舍夫斯基重复，他竟精确地重复了出来。对于普通人来说，记住如此长的委托清单和地址几乎是不可能的。震惊之余，主编把他派到心理学家亚历山大·鲁里亚的工作处，建议鲁里亚研究一下谢列舍夫斯基超常的记忆力[1]。

鲁里亚在《超强记忆力手册》一书中写道：之所以着手研究谢列舍夫斯基的记忆力，不过是因为心理学家的好奇心，他并不对实验抱太大期望，毕竟记忆力超群的人少之又少。但当他发现谢列舍夫斯基可以毫不费力地完成他出的任何难题时，鲁里亚改变了这一看法。

在测试中，谢列舍夫斯基可以轻易地记住并来回复述任意数量的数字、字母、词语，无论这些信息是口头表述还是书面形式，是相关联的还是随机的。很快，鲁里亚就确信，他无力完成这个对于心理学家而言最普通的任务——测试记忆力的极限。

鲁里亚后续又进行了一系列实验，意图判明他的记忆力能维持多久，结果显示：无论经过多长时间，谢列舍夫斯基都能始终记得任何一组数据。

---

[1] 读毕后续章节，你也可以试着达成谢列舍夫斯基的成就。

在谢列舍夫斯基身上，还有一个很典型的实验：1937 年，别人给谢列舍夫斯基读了几行闻所未闻的诗歌，让他重复出来，结果他连重音都不错，一字不差地复述了一遍。十五年之后，又有人试着突然提问，要求他重复当时读过的几行诗歌。他依旧一字不落地重复了。

看到这个故事，你可能会感到惊讶，因为在记忆力这方面，我们的境况比谢列舍夫斯基更有利。关于这一点，我们下一节再讲，现在继续分析生词。

retroactive（反作用）——作用于先发生的事件、动机和过程。"retro" 源于拉丁语，意为 "相反的；向前的"，"active" 的意思是 "现行的"，来自拉丁语的 "actus"（行为）。词根整体上很清晰，但是以防万一我还是举一个用词的例子。这样，我们就能一箭双雕——再了解一个记忆法则了。

"倒摄抑制[①]"法则。

大致含义如下：想象一下，假如你是个拖到最后一刻才开始备考的学生。看着离考试的日子越来越近，你意识到自己还有相当多的资料要记。试想：你已经顺利地通过了之前的考试，只剩下最后两门，所以你计划在明天，也就是一天之内完成备考。你决定用下列方式规划备考：每一科目学习 3 小时，在 6 个小时的

---

① 指后来学习内容对先前学习内容的干扰。

学习后，晚上还能随便干点儿别的。第二天，当看到试卷时，你痛心地发现：自己什么都不记得了。

这就是"倒摄抑制"法则：第一科考试的准备内容因为后续（不间断）准备第二科考试而变得模糊了。好在第二科考试完全是另一种情形，因为"倒摄抑制"的作用只停留在了上一科。不过话虽这么说，谁就能确信不存在其他法则呢?

再分析一组词。

euphemism（委婉语）——用更加婉转的表达替换粗鲁、尖锐的词汇。

我曾经试着寻找发音相近的单词，无奈我失败了，然后我稍微变更了记忆策略。如果脑子里一片空白，那么千万不要花太多时间去搜索，要在例句上想办法：造几个句子，整理一些你熟悉的委婉表达，并要反复地出声读这个词。因为在之前分析的所有生词中，只有这个词对你产生了困难，所以我们将这个词视作例外，不再采用常规方法进行记忆。

取而代之的方法是：我们要尽可能使词语多次出现在脑海中。因为信息在工作记忆中留存时间的长短和记忆的长久呈正相关。

在记忆这个词时，我们要格外地留意它，今天晚上、明天白天和后天都要有意识地回看这个词。这样这个词也会像其他的概念一样，被保留在长时记忆中。

ambivalence（矛盾性）源自拉丁语"ambo（两者都）"和"valentia（力量）"，意指对一件事持有两种对立的情绪或态度。

又是一个解释起来很恰当的词。词根能够大致解释意义，并且帮助我们回忆起这个名称。"Valentine"这一名字意味着"有力的"，你可以先记住这一点，然后注意，在"ambivalence"这个词中有一部分是"bi"，通常意义为"二"。

接下来，我们应该建立联想。记得飞机在成年人的认知中是什么吗？正是有了各种各样的联想，才会使词汇持久地留在你的记忆中。

现在，想象一些会使你产生矛盾心理的东西，或是一个总是对某些人或事抱有矛盾心理的人。接下来想一下，任何矛盾的态度都是正常的，否则我们就容易陷入极端——理想化或是怀疑论。

这部分到此结束。但说到词汇，我还准备了一个惊喜给你，能够迅速加快分析新概念的速度，并且让你在看到定义之前就能了解这个词。要想做到这一点，我们需要再掌握两个方法。一旦着手实施，就可以立刻证实我所说的话。

清单记忆法

СПИСОК

人类用大脑绘画，而不是双手。

——米开朗琪罗[①]

① 米开朗琪罗·博那罗蒂（1475—1564），意大利文艺复兴时期伟大的绘画家、雕塑家、建筑师和诗人，文艺复兴时期雕塑艺术最高峰的代表，与拉斐尔和达·芬奇并称为"文艺复兴后三杰"。

在这部分中，你将了解到一种最为精妙的记忆技巧——定位法。可以说，在上百种不同的记忆方法中，定位法这种技巧最可靠、效果最明显，而且最简单。谈到定位法，其起源不仅有趣，而且和神话传说有关。

公元前 477 年，希腊城邦中举行了一场庆祝拳击比赛夺魁的盛宴。诗人西莫尼德斯 ① 在宴会上以一首诗赞誉了胜利者，失败者对西莫尼德斯间接地表达了不满。失败者声称这首颂词只值得支付给他自己创作部分的报酬，因为西莫尼德斯在抒情诗中遵循传统加入了一个片段，掺杂了几行歌颂狄俄斯库里兄弟 ② 的诗句。所以，剩余的酬金诗人应该向这两个半神去索要。

据传说记载，随后西莫尼德斯得到通知，说有两个骑士想见他并且正在外面等他。而出门之后，诗人发现外面空无一人，但

---

① 西莫尼德斯（前 556—前 468），古希腊科奥斯的抒情诗人之一。

② 在古希腊和罗马神话中，狄俄斯库里兄弟是斯巴达王后丽达所生的一对孪生兄弟波鲁克斯和卡斯托耳的统称。哥哥波鲁克斯的父亲是宙斯，拥有永恒的生命；弟弟卡斯托耳的父亲是斯巴达国王廷达柔斯，为凡人。

刚一踏出大厅，整个宴会厅顶就轰然塌陷了。宾客悉数被压死，其尸斋粉，面目全非，就连亲人都难以辨认出他们，无法为他们举行葬礼。于是，西莫尼德斯试着回忆起当时谁坐在什么位置，意识到这些情景还清晰地留在他的记忆里。这就是说，如果你能记得地点定位，就能回想起其他很多和该定位相关的事。

这件事体现出什么规律呢？让我们简要分析一下。

想象一下，你要去一趟超市，并且购买以下商品：

饺子	蛋黄酱
面包	食盐
葵花油	茶
糖	黄油
洋葱	番茄
香肠	黄瓜
牛奶	奶酪
香蕉	餐巾纸
苹果	肥皂

你可以把这些东西都记在一张纸上，然后平静地去购物。但是，如果你了解定位法，就能够快速地记住这个清单，远比写下来更快。

只是首先要着手练习记忆方法，并且稍微进行一些实验即可。

我们可以先尝试着回忆一下昨天做了什么（从早晨起床到夜晚入睡前的这段时间）。早饭吃了什么？上班时走的是哪条路，见到了谁？和那人聊了些什么？回家时抱着什么样的心情？路上在想些什么？

为了做实验，我给 87 岁的奶奶打了通电话，问了她几个类似的问题。她轻松地回答了所有问题，并且描述了自己前一天的经历，包括早饭吃的是什么，电视里播放了什么节目，其中讨论了什么内容以及她在几点给谁打了电话等。

就是说，在涉及这类情形时，她的记忆非常持久。其重点就在于我们大脑工作的特点：短时记忆过滤器会筛掉大脑认为不必要的东西并且避免记忆这些信息。大多数情况下，人的大脑不会对清单、数字或是简洁的抽象信息进行加工，只会分析具体的行为和事物。人从诞生的一刻起就具有某种空间感。注意：实际上你所能回忆起的昨天的情形，全都和事件发生的地点相关。比如说，在厨房吃了早饭，在办公室里认识了新人，在公交车上思考周末的事。关于这一点，有关实验也非常出名。实验证实，如果在学生平常学习的教室进行考试，则学生的分数会显著提高。

现在，我们终于要着手记忆这份清单了。首先，你应当划分出至少 5 个地点——先假设是卧室、走廊、洗手间、厨房和阳台。

你可以按照自己的喜好排列这些地点，关键是要将它们一个接一个地排列起来，而不要脱离常规。如果你已经清楚地掌握了这个定位顺序，那么它在你的记忆过程中将起到提词本的作用。

因为在我们所举例子中的第一个地点是卧室，所以接下来就让我们开始想象卧室。在想象时要注意：你唯一要做的就是把清单中的物品形象和这一地点定位关联起来。

你可以试试这个办法：在脑海中先把饺子摆在窗台上。想象一束耀眼而明亮的阳光透过玻璃，映衬在冒着热气的饺子上。这盘饺子已经可以吃了，只是还缺点儿什么。大概，需要加点儿蛋黄酱吧？想象挤出一包调味酱的情形。现在，蛋黄酱放在饺子旁边的窗台上，准备开始用餐吧。

我们来到下一个地点——走廊。饺子明显还不够吃，要做一点沙拉。设想给番茄、黄瓜切片——就在厨房的操作台上切。你感到有一点烦心，因为一会儿还得擦台面。而且因为刚刚我们用完了蛋黄酱，这就意味着沙拉得用葵花籽油来拌。所以，我们要把葵花籽油倒在容器中，多到甚至浸没了手指的第一个关节。这三种原料还是太少，我们再放些洋葱——洋葱应该铺满整个容器。最后，再向这份沙拉里撒些盐。这时，你突然打起喷嚏，看来是盐进了鼻腔。

排在第三处的地点是洗手间，我们顺道走了进去。因为制作沙拉时你的手上沾满了油，所以你必须先用柔软的餐巾纸擦干净手，然后再用肥皂洗手，洗干净后，闻闻手上残留的肥皂的味道。接下来，继续我们的进程。

我们又回到了到厨房。为什么不喝点儿茶呢？你看到餐桌上的杯子，准备沏一杯茶，再撒上足够的糖。喝茶时可以搭配一些三明治吃。我们制作三明治的方法是：先在厨房的操作台上抹黄油（这样三明治落地时黄油那一面就不会着地[①]），再盖上一片面包（没面包片怎么能算是三明治呢？），决定接下来放什么：是香肠还是奶酪？这个选择不太好做，因此你决定让两种食物进行一场决斗。香肠拿到了手枪，开始向奶酪射击，因此后者身上出现了很多洞。

下面，我们来到了阳台（现在还剩苹果、香蕉和牛奶没有记忆）。在你幻想场景时，我们已经准备做水果奶昔了。想象水果像动画片里一样活蹦乱跳，当你撕开牛奶盒后，香蕉的脸色开始变得苍白。接下来，你像拧抹布一样转动着榨汁机，苹果汁缓缓地流了下来。这时，剩下的苹果核淌着眼泪跑开了。

好了，你已经学会了使用定位法，并把食品清单罗列入记忆中了。

在上文中，尽管我们分析的例子相当简单，但这种方法真的可以记住任意信息（其他类型的信息在有关章节会详叙）。其实，

[①] 俄罗斯人通常开玩笑说，面包片掉落时总是涂黄油的一面先着地，喻指"雪上加霜"，倒霉事总是一齐发生。这里为作者在展开想象，开玩笑，指地上涂了黄油就无所谓面包哪面着地了。

这种记忆法主要是要把信息转化为具象的事物，并把它和已知的地点联系起来。

接下来，请用上述方法看一看当前我们已经熟悉的不同记忆阶段。

培养兴趣。或许你认为记忆的最大用处就是向朋友们炫耀自己能够按顺序记住很多词，但实际上，擅长记忆还有更重要的作用。比如说，你能够开拓自己的思维模式，从而增强创造力，形成全局思考思维。脑电图[①]实验表明：在利用记忆技巧时，人类大脑[②]中用于记忆信息的区域得以激活，其活跃程度较平均数据提高了约两倍。再说，如果信息量非常大，不使用些记忆技巧是不可能全部记住的。

解读材料。首先，你要在一些熟悉的路线上选取定位。这些路线可能是从卧室到阳台，或是从人行道到站台。这些地点的顺序有助于你利用熟悉的路线，按照规律进行记忆。

其次，如果需要把信息转化为形象，那么比起抽象的概念，具体的形象更容易想象和记忆。按照对你有帮助的顺序，把这些形象放置到早先确定的路线上。可以单独分开放置，或者分门别类。总之，你只需要把几个形象归为一组定位，怎么方便怎么来。值得一提的是，即使是想象出的情形，你也能记得非常牢，就像

①脑电图是通过精密的电子仪器，从头皮上将脑部的自发性生物电位加以放大记录而获得的图形，是通过电极记录下来的脑细胞群的自发性、节律性电活动。

②其中包括俄罗斯记忆领域的纪录保持者斯坦尼斯拉夫·马特维耶夫的大脑活动。

现实中发生的事情一样清晰。亚里士多德曾说过："会思考的人用形象思维思考。"

重复记忆。如果只复习一次就想记住所有学习的内容，那你必须刚记住就开始复习。

注意，清单记忆的目的和生词记忆的目的不同。如果说生词记忆是为了永久性地记住一个单词，那么清单记忆则完全相反。当你记住食品清单之后，购物完成就应该彻底把它忘掉。在这方面，我们有个好用的方法，即自然遗忘。不去重复的话，信息就会自动从记忆中抹去。而且，对于那些为了方便记忆而想象出的具象事物，我们要想象出新的形象与之替换（更确切地说，新形象会抹去自然遗忘之后还留存的形象）。

记得吗？在上一部分中我承诺过，我会讲述谢列舍夫斯基记忆力超群的原因。其实，著名的记忆师[①]也会被一种情形影响：他不仅无法忘记信息，头脑中时常保留着成千上万的序列，甚至无法正常思考，如分析解决逻辑问题、进行讨论和计划等。毕竟人类思考时想到的常是些虚无的概念，而不是具体的形象。这些概念只包含最重要的东西，而舍去了所有次要的事物。

让我们分析一下谢列舍夫斯基的思维是如何运转的："去年，我读过一个问题，有关商人卖了多少米布……刚一听到'商人'和'卖'两个字，我仿佛就看到了一个商店和站在柜台后正在卖

---

① 记忆师是使用各种助记技术（即记忆方法）的专家。

布匹的售货员。然后，我注视着布料，看见了各色账本和所有跟题目没有任何关系的细节。但想象到这里时，我还没有抓住要点。"

所以说，对于我们这些记忆水平一般的人来说，自身的优势就在于能够确定阅读问题的目的究竟是解题还是记忆，是思考些无意义的轻松概念还是线索极多的复杂形象。除此之外，我们还有短期内遗忘的能力。如果能正确利用遗忘的能力，就能够在意料之外取得极其有利的结果，只是遗忘需要顺其自然。

实践建议：

1. 选几个符合要求的地点，如厨房、走廊、电梯、通道出口、便利店、药店、车站。地点应该是你熟悉的——不要选用你一次也没去过的商场。

2. 不要想象太大的地方（院子、某个地区或是公园之类），否则会很难找到形象放在哪儿。

3. 运用一些清楚的、鲜明的且含义丰富的形象。

现在，请你试着自行记忆下面表格中的20个单词，并用正反顺序复述这些词汇。建议先选出10个地点并安排定位，每个地点放2个具体形象——第一个放下面，靠近地板，第二个要高一些。

比如说，我的第一个地点是卧室，第一个词语是"锤子"，我在想象，锤子如何敲打卧室的地板并且砸穿了地板。第二个词是"雪"，想象着雪花如何从天花板上飘落，落在脸上并融化了，这时我感到些许凉意。

移动到第二个地点——走廊。第三个词是"石油",想象地板上有一摊石油,我不清楚看到地上的石油时是该高兴还是不快。第四个词是"拳头",想象我如何轻轻跳起并一拳打到天花板上,在天花板上留下了击打的痕迹。

就像这样,用10个地点能够很轻松地按顺序记下20个词语。

现在轮到你了。词语如下:

油罐	老鼠	鳄鱼	杠铃
钻石	月亮	车厢	肉桂
小刀	电话	星星	母鸡
眼药水	书	地毯	橙子
话筒	骑士	暴雪	安德烈

姓名和相貌记忆法

ИМЕНА И ЛИЦА

对我来说，地球上最有趣的表面就是人的脸面。

——格奥尔格·利希滕贝格 [1]

① 格奥尔格·克里斯托夫·利希滕贝格（1742—1799），德国科学家、讽刺诗作者、格言家。

记忆相貌和姓名的能力很重要。如果你在初次见面之后就能认出一个人并叫出他的名字，任谁都会感到开心，并且增加对你的好感，特别是如果他本人有记人名这个好习惯的话。

通常，我们会先注意到新朋友的脸，进而听到他的名字。在这里，就让我们遵循这一顺序吧。

那么，如何记忆面孔呢？

一些人没有考虑过这个问题。因为对他们而言，人的面部自然而然就记住了，所以这些人可以直接看如何记忆人名的部分。但也有一些人面临着记忆人脸的困难，尤其是面对不同民族的人时。

如果你也有类似的困扰，不要担心，这个问题是可以解决的，解决这一问题的过程甚至堪称"有趣"。一开始，请你看向镜子，研究你自己，注意所有的细节，如额头的高度、双眼的距离、眼睛的颜色、眉毛的形状、鼻子的大小、嘴角上扬还是下垂、嘴唇的厚薄、下巴的宽度等。

研究过自己的脸之后，把这张脸视为美貌、优雅、崇高的范本（……开个玩笑）。

但是，这还不够。

想想看，为什么汽车爱好者能轻易地记住汽车的信息呢？因为他们有可以用来比较的事物。

1. 发动机的排量是多少？——比我的车多一升。

2. 什么牌子？——和我的车一样。

3. 什么型号？——2012 年上市的新车。

汽车爱好者有不止一个对照样本，而且样本数年年增长。分辨汽车也变得越来越简单，牢记相关的信息也更轻松。和汽车这一主题有关的信息都交织在一个统一的体系里，早先的知识也有助于记忆新知识。

把自己的脸当作基础样本，记住脸部的各个细节，你就能够更轻松地观察其他人的面孔，注意到他们的区别。结识一个人时，要留意其体型的主要特点，然后认真观察其容貌细节：额头高度、眼睛形状等。当然，你也可以读一本面相学的小书或是文章，并从中学到一些通过面部特征及表情来判断某人个性的方法。这种学说称不上科学，但也有一定的逻辑。举例来说，略微上扬的嘴角表明这个人常常微笑，而且有很大的概率证明他是性格开朗的人。这通常能使记人脸这件事更轻松一些。只要掌握了基础，有了经验，你就会注意到那些最"真实""准确"的特点。

和你谈话的人叫什么？

拿破仑沿各列队行走时会向每一个士兵问好，并直呼士兵的姓名；亚历山大大帝知道自己 15000 人的军队中每一个战士的名字。无论将军为记忆人名付出了多大的努力都是合理的，毕竟士兵真诚地爱戴着他们的将领，并且帮助他们赢得了世所罕见的胜利。但是，你可以像那些著名的将军一样，牢记很多人的名字吗？就算记不住所有人，你至少能记住自己所有的部下吗？

善于记忆人名的人在当今时代也大受欢迎。熟悉所有学生名字的高校老师就是一个例子，对于领导而言，也是这个道理。如果你试着牢记身边所有人的姓名，别人也会尊敬地对待你的。所以，我们应该如何记忆人名呢？

我通过举例提出如下的建议：

你去了一个热衷于设宴的熟人家做客。有人向你介绍了罗曼，他个子中等，穿着一件紧身浅色衬衫。罗曼微笑着说，他非常高兴能在这样的场合认识你，而你则按部就班地给予了答复。通常，这只使用一部分工作记忆即可，所以你试着在记住新朋友的名字时回想起老朋友罗马。在想象中呈现出了这样一幅画面：罗马很恼怒，闯进房间，挥手扫开面前的一切，并且上来给了罗曼一记响亮的耳光，罗曼因此失去了平衡，碰到了桌子。红酒杯摇摇晃晃，酒溅到了他的衬衫上……这个情形在脑海中放映了四秒，罗曼在想象中倒了霉，但现实中没有中止谈话，他后半句话的回声尚在耳畔回响。在和新结识的朋友告别之前，你注视着他的脸，惊讶万分——他怎么能这么轻易地躲过去呢？盛怒的一击没留下任何痕迹！

我们的短时记忆过滤器不太能区分现实事件和想象的情形，所以你在脑海中所描绘的场景实际上完全转移到了长时记忆当中。因此，所有能激起强烈情感的不寻常事件都被记得格外牢靠。

如果你需要记忆一个毫无特点的名字，那么你将它和自己熟人的形象联系起来，这样就能染上强烈的情感色彩。再假设这个情形发生在某个地点，我们就把这个形象和空间关联了起来，从而进一步加强了记忆。

现在我们试想：你还没从罗曼身边走开，就又有人向你引荐了阿列夫蒂娜·杰尼索夫娜。假设你的熟人中没有什么阿列夫蒂娜，但有个杰尼斯。你在想象中往他家打电话，正是这个阿列夫蒂娜接了起来，而且你在想象中已经走到了一个和杰尼斯有关的地方，看见阿列夫蒂娜正在说："啊咧！"为了加强记忆，可以想象她不光是在回答，而是在大吼，简直让人想把耳朵捂住。

针对这种情况我们做了以下尝试。首先，记住了她的名字里包含"杰尼斯"和"阿列"。这有利于我们记住她的全名。其次，以防遗忘我们还把这个形象和另一个地点关联了起来，毕竟在宴会这个场所我们还会结识其他人。要知道，新认识20个人也是有可能的，但很难把所有人都安排在一个房间里。

要是有人一下子向你介绍了好几个人怎么办？比如说，请认识一下：弗拉基米尔、叶甫盖尼、谢尔盖、鲍里斯、娜斯佳和安吉丽卡。能用来记住每个人名字的时间虽然不止三四秒，但也不过是数秒之间。这种情况下唯一的可能就是给每个人匹配上最先出现在脑海中的联想。弗拉基米尔和弗拉基米尔·克利钦科[①]同名；叶甫盖尼是《叶甫盖尼·奥涅金》[②]的主角；谢尔盖——我朋友也有叫这个名字的；鲍里斯——想象他穿着一件博柏利[③]风衣；娜斯佳——侄女的名字；安吉丽卡——同班同学。

好了，突击记忆结束了。

如果别人一下子向你介绍了 6 个人，那么请试着给每个人增添些与之相关联的线索，这样你就能够加强联想记忆（你可以先像上述例子一样补充上地点，之后再次重复所有姓名）。

我想，你已经把握了姓名和相貌的记忆要点。

培养兴趣。如果别人向你介绍某人，要习惯留意他的名字。

解读材料。想起一个同名（有其他联系也可）的熟人，或是脑补出一个场景。

重复记忆。和人告别的时候注视着他的脸，在心里重复之前想象的情形。一两天后再想一想，过一周再回想一次。

---

① 弗拉基米尔·克利钦科（1976—），乌克兰职业拳击手，世界重量级拳王，绰号"钢锤博士"。

②《叶甫盖尼·奥涅金》（也译作《欧根·奥涅金》）是俄国作家普希金创作的长篇诗体小说。

③ 博柏利（Burberry），创办于 1856 年。极具英国传统风格的奢侈品牌。

实践建议：

形象最好是精确、易于感知的。比如说，如果想记住格鲁什尼茨基这一姓氏，不要想象"悲伤的尼采①"握着格鲁什尼茨基的手，而要想象一个叫"尼采"的人把梨扔到了你这个新朋友的脸上。"悲伤"这一概念很容易与痛苦、生气、崩溃等情绪相混淆，但"梨"这个概念就简洁得多了。如果你了解莱蒙托夫小说中的人物格鲁什尼茨基②，就会惊讶地发现，虽然在你的想象中他完全是另一个人，但此时此刻他看起来就像面前的这个人的样子。

试着用不同的感官去感受你所想象出的所有形象：除了画面和声音，再添上气味、温度和震动。有人跌倒了——你感到地面在轻微的震颤，咖啡洒了——你闻到了香气。你可以思考一下这个过程的逻辑和每个场景的意义，想象出的形象所激起的思考和情感越丰富，过后再回想起它们就越轻松。

---

① 俄语中 Грушницкий（格鲁什尼茨基）这一姓氏，和 грусть（悲伤）груша（梨）的前半部分发音非常相似。Ницше（尼采）则和该姓氏后半部分相似。

② 格鲁什尼茨基是莱蒙托夫长篇小说《当代英雄》中"梅丽公爵小姐"一章出现的士官，和主人公毕巧林决斗身亡。

外语记忆法

ИНОСТРАННЫЙ ЯЗЫК

如果不改变造成问题的思维方式，

你永远也无法解决这个问题。

——阿尔伯特·爱因斯坦

绝大多数学第二外语的人都认为外语学习有助于发展自身智力——这已经成为无人不晓的事实，但常常得不到应有的重视。

　　举例而言，你在浏览器中搜索：

　　"学习语言的好处"或是"为什么要学外语"。

　　就算你在打开的链接里看到了"学习外语对认知功能的积极影响"的文字，那大概也是在文章的结尾看到的，或者在文章的中间（这已经是最好的情况了）。

　　在学习外语时，我们可以另辟蹊径：将掌握外语当成一种可以促进智力发展的手段。但是，这个看法饱受争议，需要援引这一领域的科学发现来论证，不过其数量着实不少。

　　特拉维夫大学的生物学者做了相关研究。研究表示：掌握两种及以上的语言表达能力将有助于减缓大脑衰老的速度。也就是说，一个人精通的语言越多，他的认知水平就越高。

　　多伦多约克大学的埃伦·比亚利斯托克也得出了类似结论。通过研究老年痴呆症患者的住院记录，他发现精通两门语言的人，患老年痴呆症的年龄比只会一门语言的普通人晚3至4年（精通两门语言所展现出的优势可能不太严谨，但也能揭示出一些规律）。

　　和只掌握两门语言的人相比，掌握四门语言的人患认知障碍的可能性只有25%。卢森堡国家健康研究中心的科学家针对230名掌握两门以上语言的退休人员的数据进行研究后得出这个结论。

　　回到本节的主题，我希望你能回忆一下本节前的引言（不必逐字逐句）。想不起来也不要紧，这不是突击检查。你只需要翻回这节的开头再看一看。现在，请你试着对比一下爱因斯坦这句话的含义和你学习外语时的情况。思考一下。

　　几乎所有人学外语时都会有困难，这些难题往往独特又多样，就像学这些语言的人本身。所以，在学习语言时要将困难以及问题都解决是不可能的，因此要尤其注意这些困难为何出现，如学新语言的动机为什么泯灭了。这个问题堪称"根源性问题"，因为学语言半途而废就意味着大幅倒退。

　　遗憾的是，这种习惯不仅仅是懒惰造成的，也和教育有关。

　　学生还在上高中时，每周花五天时间学外语，花一整年学会了一门，然后每天练习。他们接受的教育规划长达十年，但结果却不如人意。不仅是方法效率很低，而且教育体系本身亦有问题：历年暑假都很长，容易使学生忘掉所学的大部分知识。

　　因此，具体问题具体分析，本节内容将按照记忆过程的普遍阶段进行安排。从培养兴趣开始，到学会重复为止。不过，如果你认为你学一门新语言的动机已经足够充分了，那就跳过"培养兴趣"这一阶段（以防热情终会消散，请留下这一部分备不时之需）。最后，你将会了解到一个新方法，它非常值得一学，因为利用这个方法，在足够勤奋的情况下你可以在两到三天之内学会一门新语言①。这虽然听起来很玄幻，但你可以在后几页中自己证实这一点。

培养兴趣

1815 年 6 月，拿破仑和欧洲反法联军于滑铁卢展开一战。这场战役的输赢至关重要，伦敦和巴黎的证券交易所都严阵以待——所有人都在等待新消息。起先，从前线传来的消息不算好：据传，战役一开始反法联军就落后于拿破仑，但没人能预知结局。

第二天一早，罗斯柴尔德开始在伦敦证券交易所大量抛售自己的股票。与此同时，他的弟弟雅各布在巴黎进行了股票抛售。对于股票的持有者而言，这是一个信号。很显然，反法战争失败了，眼见就要迎来最糟糕的结果。市值急速下跌，纸币不断贬值，彼时人们还不清楚，联军已经获胜——拿破仑败北了！无数股东在失去了自己的全部财产之后自杀身亡……

各位读者或许产生了疑问，滑铁卢、罗斯柴尔德和证券交易

---

① 记忆领域的纪录保持者多米尼克·奥布莱恩（世界记忆大师），利用该方法能在 1 小时内学习多达 320 个外来词。

所在这里作什么用呢？这怎么能和外语扯上关系？请再等一等，我们需要按部就班，循序渐进。

这一天，很多人倾家荡产，而罗斯柴尔德家族却赚了大约4千万英镑，成了英国银行的最大股东。其关键就在于他们热衷养信鸽，由于这些鸽子提前传来了有关战争结局的消息——比官方公布得更早——罗斯柴尔德家族才得以万无一失地操控证券交易。

罗斯柴尔德家族的行动恰恰符合了一句经典名言："谁掌握了信息，谁就掌控了世界。"

信息始终是最重要的手段，这一点毋庸置疑。当今时代最主要的信息来源就是网络，网络的作用在个性教育阶段几乎无法估量。无论你想查烹饪的菜谱、分析某个词汇的意义还是了解最近的新闻，网络总能派上用场。

下表即互联网世界各语言信息的占比排名：

语言	占比（%）	语言	占比（%）
英语	54.8	中文	4.5

续表

语言	占比（%）	语言	占比（%）
俄语	6.1	法语	4.4
德语	5.4	日语	4.2
西班牙语	4.8	其他	15.8

该数据统计至 2013 年 4 月，由 W3 Techs[①]公司发布

通过这组数据你可以得出以下结论：学习英语能够使你获取信息的渠道拓宽十倍！现在想象一下，如果你掌握了英语，搜索需要的信息该多么轻松啊，你的潜力也得到了进一步的提升。

并且，你可以和很多人自由沟通，无论是在日常生活中还是在网络上。请看下表数据。

语言	母语使用人数（百万）	网络用户（百万）	通用地区
中文	1213	510	31

---

① W3 Techs（World Wide Web Technology Surveys），世界上最大的网络技术调查网站。

续表

语言	母语使用人数 （百万）	网络用户 （百万）	通用地区
西班牙语	329	165	44
英语	328	565	112
阿拉伯语	221	65	57
葡萄牙语	178	82	37
俄语	144	60	33
日语	122	99	25
德语	90	75	43
法语	68	60	60

注：表格中本包含一些印地语和孟加拉语，母语使用人数位
列第五或第六位，但网络用户人数较少。

语言学习可以为你的事业提供更多机遇。HR（人力资源）界

的专业人士表示，掌握外语的人的价值较其他人高出约三分之一。除此之外，职场上通常存在这样一个规律：职责越重要，对语言能力的需求就越高。

至于谈到就业和外语在实际工作中的应用，相关特性可从下列曲线图 [①] 中了解（图 2a、2b）。

终于，是时候聊聊兴趣本身了。

你知道吗？有个很简单的方法可以提高决策的质量，能够合理地评估现有资源，并且理智地斟酌优缺点，从根本上降低情绪的影响。

为证实这一原理，芝加哥大学的学者进行了大量系列实验研究，实验之一如下。

被试者需要参与一场特殊的赌局，奖金远远超出可能出现的损失，所以玩家会尽可能多地反复参与下注。实验参与者一次就赢取赌注的概率为 57%，第二次该概率则为 67%。

这是为什么？你怎么看？

其实，这个数据的关键在于：一开始要求被试者用母语思考，然后再用外语思考。所以，学者用情感因素的影响解释了变化的结果。其实，这个原因就是：用外语思考不像用母语思考一样自然。用外语思考时，注意力需要更加集中，根本无暇顾及情绪。此外，外语中具有感情色彩的词语对被试者而言不过是普通的信息。

[①] 这些图表是根据猎头公司于 2013 年 5 月对 8886 名公司员工和 348 名人力资源经理进行的一项调查所绘制的。

到这里，论证外语优点的论据已经足够多了吧！

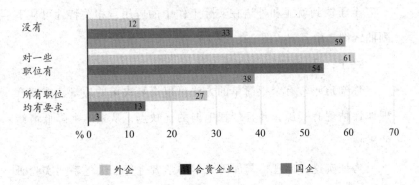

公司空缺的职位有语言要求吗？

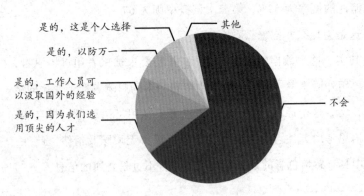

即使工作中用不到外语，你仍然对求职者有该方面的要求吗？

图 2a　对面试者外语水平的要求

你会在面试时考察应聘者的外语水平吗？

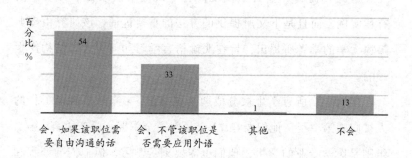

百分比 %

54 会，如果该职位需要自由沟通的话

33 会，不管该职位是否需要应用外语

1 其他

13 不会

你现在的工作会应用到外语吗？

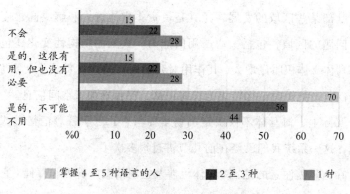

不会
15
22
28

是的，这很有用，但也没有必要
15
22
28

是的，不可能不用
70
56
44

%0 10 20 30 40 50 60 70

■ 掌握 4 至 5 种语言的人   ■ 2 至 3 种   ■ 1 种

图 2b 对面试者外语水平的要求

　　如果图表还不够充分，那么还有一个至关重要的依据。

　　这就要提到一个科学发现，它不仅是增强语言学习动机的有趣实例，而且是下文所提供的方法的重要佐证。该研究由瑞典隆德大学的学者所提出，旨在明确语言学习如何对大脑结构产生影响。

　　实验中，所有学生被分成两个观察组：未来从事翻译工作的人被归为第一组，他们要在 13 个月内完全掌握一门新语言；第二组则是医学专业的学生，他们也需要刻苦学习，但他们的课程和语言没有什么关系。

　　结果完全出乎意料：翻译组学生的大脑构造发生了变化，而医学生中则没有出现类似的情况。原来，用以开发语言的课程促进了脑部某些区域的发展，尤其是负责集中注意力和解决高难度智力问题的区域，包括一心二用的能力。大脑的结构性变化还包括海马体 ① 体积明显增大，其作用对我们而言尤其重要，因为海马体不仅负责把短时记忆转化为长时记忆，亦负责加工空间信息。

　　实际上，海马体不仅决定事物重要与否，更掌管着记忆过滤体系，这一系统我们已经在前几节讲过很多次了。

　　在这里需注意的是：海马体也涉及空间信息的管理和存储（它最主要的神经元被称作"地点细胞"）。

　　你还没忘记定位法吧？

---

① 海马体位于大脑丘脑和内侧颞叶之间，属于边缘系统的一部分，主要负责长时记忆的存储转换和定向等功能。

解读材料

我们即将了解的语言学习方法，是由多米尼克·奥布莱恩提出的。利用这一方法，多米尼克得以在两到三天内学习一门新语言。值得一提的是，多米尼克的学习主要是后天训练的作用——多米尼克没有任何特殊的天赋，他独自训练记忆能力[①]是在三十岁之后才去做的。

记忆词语的方法将于后文展开讲述。一开始，应当挑选出一个场地来储存信息。多米尼克建议选出一整个城市，让我们也这样做：在想象中，我们把这个城市划分成不同的区域，从而用每个区域对应特定的一种词汇。比如说，城市的北部对应名词，中央区对应动词，南部对应形容词。每学一种新语言都要选择一座新城市。

这样一来，我们就有了属于自己的硬盘（或是笔记本），它存放在我们的大脑中，而我们对这个硬盘的构造也会清晰明了。

现在，是最重要的部分就是：如何在硬盘（或是笔记本）中储存信息呢？

分析一个例子。假设要记住英语单词 tree（树），找一些发音相近的词语。"tree"和"three（三）"彼此极其相似。因为"树"这个词是名词，所以在联想中把它安置在城市的北部。好了，如

---

① 多米尼克提高记忆力的方法是在拿着秒表的同时，用定位法记住一副牌。你不必步其后尘，可以用背单词的方式提高记忆力。

果你想到在某个地方生长着三棵距离很近的树，那么最终的画面已经在你的脑海中浮现了出来。如果没有，就再想象探索些其他场景。比如说，挑一个有三个出口的地铁站，设想在每个出口附近栽上一棵树。再或者，你的城市里很有可能有一座三层的纪念碑，那就想象树如何在纪念碑的最下层生长，以至于能把纪念碑抬高十至十五米。

　　一些人认为这种记忆方法是没有依据的，完全是胡来的。但若想在 1 个小时里记住 300 个单词，无论用什么方法恐怕都难以实现。如果你希望自己在学习新语言时能够快速入门，那么联想法和定位法是最有用的方法。我们通常认为，掌握一门语言到中等程度至少需要 2000 至 2500 个单词的词汇量。如果你完全理解了上文中所述的记忆法，就能够在一周之内达成这一目标。随着记忆程度不断提高，你会发现构建联想变得越来越简单，说不准还能超过多米尼克每小时记住 320 个词的纪录！无论结果如何，练习都是必要的，但前提是你要先适应这个方法。

　　再看一个记单词的例子。

　　crumble（**粉碎，崩塌**）。这是个动词，因此要把这个形象放在中央区。crumble 的发音使人想到了词组"кранбыл①"。如果我们能回想起确实存在于这个城市中的"任意一架起重机"就太好了。我们只需要想象它碎裂成了残块即可。如果无法回想起类

---

① 俄语中，这个词组的发音和"crumble"基本一致，意为"起重机"。

似的东西，就找一个废弃的工地，假设这里曾经有架起重机，用来拆毁工地……

stair（**楼梯，阶梯**）。在大脑中将这个词放置在城市的北部，再立刻想到大电梯。现在最纠结的地方在于选出发音相近的词汇。可以试试 "стоИр[1]"。如果你有个叫 Ира（伊拉）的熟人，就想象有 100 个克隆的她站在你选定的这个大电梯里。而且要注意，她们人不多——100 个。发音时的差异在复习时再改正。

clever（**聪明的**）。这也很简单：把你认识的最聪明的人放置在城市的南部，手里拿着 клевер[2]（三叶草）或是想象自己正在三叶草丛中挖掘些什么。

像这样想象练习的影响虽然微小却十分有效。比如说，在根据不同的关键词建立联想时，可以适当地反复发一个单词的音，小声地重复读这个词。这种方法在记忆想象出的形象概念时非常有效，如椅子、茶叶、独角仙等。但是，这个方法也适用于抽象词汇。假设需要找一个适用于单词 "自由" 的形象，想象自由女神像或是其他什么会令你想到这个词的事物即可。说到 "爱情"时，则想象一个能使你产生这种情感的人。

如果你记住了理想数量的单词——通常 2000 个最常用的单词就完全足够了——就可以进而掌握最基本的语法规则、阅读文字、

---

[1] 其俄语读音和 stair 基本一致，意为 "100 个伊拉"，其中 "伊拉" 在数字后变为名词二格，省略一个 "a"。

[2] "клевер" 的俄语读音和 "clever" 基本一致，意为 "三叶草"。

翻译歌曲、看电影等。这些词汇量足以使你理解语言的逻辑并为记忆其他概念积累更多的联想。就算出现新的词汇——比较少见的那些——如单词 aberration（反常现象，偏差），在前几节我们已经接触过了。学习这类词汇时，我们只靠联想是不够的，因为这种词我们不经常遇到，所以下一次再接触到这个词时，很可能你已经忘记了。所以，记忆这类词的最好方法是对这个词进行全面的分析，就像对待母语一样。

在进入记忆的下一阶段之前，我想花一点时间回顾之前所讲述的内容。考虑到你花在掌握母语上的时间不止一周、一年或者十年，所以对待外语也要同样上心。每天要不间断地学习外语。如果你厌倦了一种学习方法，就探索另一个。毕竟方法有很多，如和外国友人交往、听广播、一边查字典一边读书等，也可以用定位法背一整段文字。学习语言的关键就是对语言知识的掌握要达到能够轻易理解外语信息的程度。比如说，看电影时不需要翻译就能理解主旨大意，可以直接浏览国外的网站等。在学习过程中，一旦你的学习动机逐渐消散，就回到上一阶段——培养兴趣中去。

重复记忆

人类重复记忆通常是为了牢记，

记忆大师重复已经记牢的事物从而使其得以留存。

——马拉特·济加诺夫 & 弗拉基米尔·柯查连科

针对是否需要重复记忆可以区分出两种情况：首先，重复记忆对速记而言非常重要。速记是指你将一周时间完全用在背诵上，否则就是第二种情况——时间战线拖得很长，少则 1 个月，多则半年甚至更久。

第一种情况下，把每个词重复记忆 3 至 4 遍之后，你能记住 2000—3000 个常用词，但必须在背过之后的第二天或第三天后就立刻复习。假设周一你在 2 小时内记住了 50 到 500[①] 个单词，然后复习了这些词汇；进而又背诵 50 到 500 个生词，背会之后也进行了复习，那么周一这一天就不要再看其他新词组了。周二则对这些词进行复习回顾，以防遗忘，周四、周日和下周一继续复习这些词组。

这种反复记忆法较受欢迎，因为它可以使人在初始阶段就达成一些显著的成效：2 周之后，你就能完成其他人花几年才可以达成的目标。如果所有词汇都在你的记忆里扎根，同时你开始沉浸在一门新语言中，着手学习语法、精读文章等，你会有意无意地重复所背的生词，因为常常会遇见这些词汇——毕竟这些词都是最常用的。

第二种情况是：如果你一天之内无法腾出 1 小时以上的时间用来记忆，那你就需要按照背诵的顺序，每个单词重复 5 到 6 遍。复习第一遍之后，第 2 天、第 4 天、1 周后、1 月后均需要再次背

---

① 具体数目取决于所学的语言及个人的能力。

诵。当然，你也可以遵照一种程序，避免无用的循环复习，具体细节将在"如何正确地复习"部分中提到。

到这里，我们还剩最后一个细节没提。你还记得有关词汇记忆的章节中提到的惊喜吗？我们如何更加快速地分析生词，甚至提前辨认出来呢？

其关键就在于大多数语言（包括科学术语）都包含了拉丁语素和希腊语素。如果你能了解这两门语言的相关知识，就可以更加轻松地学习其他语言。其实，还有一个更实用的方法——记住常用词根和前缀。这样一来，大多数术语和外来语都会非常好懂，并不需要额外花费精力学习。

我建议你选择一个单独的房间作为记忆希腊语和拉丁语的场地，并且把这个房间分成两部分：一部分用来记词根，另一部分用来记忆前缀。如果没有足够的空间，就出门到走廊上，或者到街道上去。

具体表格如下：

拉丁语		
前缀	例词	含义
ab-，abs-	abstract，abstinence	离去，相反，变坏
ad-	advocate，adductor	做，加强

续表

前缀	例词	含义
alter-	alterego，alternative	变更，改变
ambi-，ambo-	ambivalent，amboceptor	二重的，双向的
aero-	aerosol，aeroneurosis	空气，气体
bi-	biathlon，biceps	二，双
vice-	vice-president	副…，代替
de-	devaluation，deportation	删除，减少
deci-	decimeter，decibel	十分之一
di-，dis-，dif-	dividend，division，divergence，disqualification，differentiation	分割，划分
im-，in-，ir-	import，immigration，infection，inert，irrational	进入，否定
inter-	interval，interference	其中，之间
intro-	introspection，introversion，introduction	之内

Помнить всё.

续表

前缀	例词	含义
infra-	infrastructure，infrared	在……下部，低于
quadri-	quadrilateral，quad-bike（ATV）	四
co-，con-，com-，col-	cooperation，contact，colleague，companion，contract	共同，一起，合并
counter-	counter-attack，counter-revolutionary	反对，相反
octo-，oct-	octoploid，octet	八
post-	postnatal，postposition	后，在后
pre-	preamble，preventive	在前，先，预先
pro-	provost，pro-American	前，原先
re-	reaction，regeneration	再，又，重新，相互
retro-	retroperitoneal	向后，往回
sub-，sur-，sus-，suf-，sug-	subordination，surrogate，submarine，suffix，suspension，suggestion	下，次，不足，不全，亚

续表

前缀	例词	含义
super-，supra-	supralittoral，superoxide，supervisor	在上，过多，优于
trans-	transparency，translation	经（由），超越，横过，贯穿，转移
ultra-	ultrasound，ultraviolet	超过，过度，极端
e-，ex-	emigre，export，emission，epilation，ejaculation	出自，来自，在外，向外，离开
equi-	equivalent，equipotential	相等
extra-	extravagant	在外，额外

现在，我们共习得 30 个前缀（近似语素不计）。一部分前缀非常简单，如前缀 sub-。你可以在想象中描绘出以下场景：一台关着的电视上突然出现了字幕（subtitle）。你靠近了些，想仔细看看内容，字幕却突然消失了。但你刚一走远，字幕再次出现了。于是，你决定匍匐过去，从底下悄悄接近电视。用这种方法你读到了全部内容。另外，字幕（subtitle）通常都位于屏幕的下方。至于这一前缀的其他形式（sur-，sus- 等），你只要注意留心，知道它们的存在即可。

我认为像 ab- 这样的前缀比较难理解，因为很难想出一个实

记忆编码

物形象立在一边或是位于远方。例如：你可以想象远远抛开了一
个苦艾酒（absinthe）的瓶子。但是，这样仍然很容易弄混，所以
不要忘了特意关注一下这些前缀，要逐个回忆你已经熟知的概念，
像是 abstract（抽象）一类的词语。

拉丁语		
词根	例词	含义
am	amur, amateur	爱
audi	audiometry, auditor	听、听见
ven，vent	convene	走近，来
vers	diversion, conversion	旋转，改变
vol	volunteer, voluntarist	意志
grad	degradation, gradient	步，阶，级
gress	aggression, congress	走，行动
dict	dictator, predicate	说，口述
duct	product, aqueduct	引导，输送
capit	capital, cabbage	头，主要的

续表

词根	例词	含义
corp	corps，corporation	身体
loc	locator，localization	地点
man	manual，manufacture	人，操纵
mun	immunity，commune	义务，负担
not	notary，note，annotation	记号
part	party，partisan，apartheid	部分
ped	pedicure，bipedal	腿
pos	exposure，deposit	位置，放置
press	compressor，depression	压
radi	radius，radiation，radio	光线
sens，sent	sensation，sentimental	感受，感知
script	scriptorium，manuscript	写
sol	isolate，solarium	单一，太阳

续表

词根	例词	含义
soc	association, socialism	社会
spect	inspection, prospect	看
spir	spirometer, inspire	呼吸，灵魂，内心
stat	station, statue, status	站，设立
struct	instruction, structure	建造，构筑
tract	contract, extract, tractor	拖，拽
fact, fect	factor, defect	做，完成
fer	preference, transfer	运送，携带
self	selfishness, self-centeredness	自我

　　如果你想不出一个符合词根的形象，那就试着拓展一下范围。以 vers 这个词根为例，很难想到一个以 vers 为开头①的词吧？那就想想一个和这个词义有关的形象。比如说，whirly-bird 是直升机的意思，发音也有些相似，所以可以试着想象一架直升机的螺

① 最好用词汇的开头部分而不是中间或结尾部分，这样可以更轻松地回忆起来。

旋桨挂住了吊灯，只能不停地旋转。

希腊语		
前缀	例词	含义
a	agamia，atom，anonymous	（否定）无，不
auto	automobile，automatic	自动
amphi	amphitheater，amphibian	双方，周围
ant，anti	antonym，antipathy	反对
apo	apogee，apophysis	删除，在远处，离开
arch	archimandrite，archangel	主要的
air	airplane	空气
gastr	gastritis，gastronome	和胃有关
hyper	hyperbole，hypermarket	超出（拉丁语：супер）
hypo	hypovitamyuyn，hypothalusa	低于，不足
homeo	homeopathy，homeostasis	类似的

记忆编码

续表

前缀	例词	含义
dia-	diaphragm, diavol, diagnosis, dialog	划分，完全，相对
dys	dysentery, dyslexia	否定，不良
iso	isomerism, isoline	相同的
cata	catabolism, catalog, catacomb	自上而下
mata	metagalaxy, metaphysics, metamorphosis, metabolism	之内，之后；中止
mon-	monarch, monocle	一
pan-	pandemia, panopticon	一切
para-	parasite, parallel, paradox, paranoia	旁边，周围；相反，在……附近
peri-	perigee, paraphrase	在……旁边，周围
poly-	polygon, politics, Police-City	多的，城市
pro-	program, prologue	在……之前
sym-	synergy, sympathy	一齐，同

续表

前缀	例词	含义
tele-	phone，TV	远，距离
exo-	exothermic，exorcism	从外面
endo-	endocrinologist，endometriosis	向内
epi-	epidemic，epiphyte	上方，超过，高于

　　这里最难理解的前缀大概是 dia-，因为它有三重含义。可取的方法包括找一个 **Diana**（**戴安娜**）的形象，并且同时将三个她并排。人物形象往往比物体形象更合适。她可以是你的熟人，或是戴安娜王妃①。最好按照顺序将这三个形象关联起来。比方说，一开始你决定把房间划分出两部分，并且和戴安娜王妃共用，但之后你反悔了，决定完全占用这个房间。这时，戴安娜和你相对而视，你不由得生起同情之心，所以将大半个房间让给了她。因为这些形象是非常抽象的，所以还有个难点——相对。"相对"是很难想象的概念，这类前缀（词根、生词）都需要付出更多精力，才能保证完全记住。

　　还有最后一组表格，其中的很多词根你已经熟悉了。

———————
① 戴安娜王妃（1961—1997），英国王妃，以美貌优雅、坚持人道主义闻名。

希腊语		
词根	例词	含义
auto	autocracy, autoaggression	自动，自己的
all	allergy, allele, metal	另一个
andr	android, andrology	男人，人
anthrop	pithecanthropus, philanthropist	人
bio	biogenic, antibiotic	生活
gen	generator, eugene	性别
geo	geosphere, geology	土地
hydra	hydra, hydrant	水
gram	program, telegram	字母，书信，便条
graphy	photography, biography	书写，绘画
dynam	dynamite, dynamics	力量
erg, org, urg	surgeon, energy, organ, demiurge, dramaturgy, liturgy	工作，事务，工具，武器

续表

词根	例词	含义
hier	hieroglyphs	神圣的
cardi	cardinal，cardiogram	心脏
kine	kinematics，kinetic	移动
cosm	cosmos，cosmetics	秩序，装饰
crypt	cryptography，krypton	秘密的，暗藏的
lys	analysis，paralysis，hydrolysis	分解
log	geology，dialogue，decalogue	词汇，理解，学习
man	maniac	失控，疯狂
mnem，mne	music-lover，maniac，amnesty，mnemonics	记忆
morph	metamorphosis，dimorphism	形态
neo	neologism，neophyte	新的
nom	autonomy，economy	法则
od	synod，period，cathode	道路，走动

续表

词根	例词	含义
oid	humanoid, spheroid, shih-zoid	外形、外貌
onym	anonymous, antonym, eponym	姓名
pat	pathology, telepathy	感受，遭遇
ped	pediatrician, pedagog	孩子
psych（o）	psychiatry, psychotherapy	心灵
stas	ecstasy, iconostasis	状况
therm	thermometer, thermae	温度
phil	philosophy, francophile	爱
phon	telephone, phoniatrics	声音
phot, phos	photography, phosphorus, photon	光线
eu	euthanasia, eugene, euphoria	好

记住这些前缀和词根之后，你可以试着在网络上任意找些词汇量测试做一做，结果会令你大吃一惊。

第二章

Часть II

稍作准备之后

Часть II

После подготовки

天才就在于他们能够区分难事和不可能的事。

———拿破仑·波拿巴

要想实现不可能的事，有时只需提前做一些准备就可以了。当你阅读并实践本章所描写的所有记忆技巧时，有一个重要的步骤——在尝试前，我们都应做好相应的准备。

最开始，你会了解到效率最高的数字记忆方法，之后不仅可以记住电话号码，甚至还可以牢记整本号码簿，不过后者得花些时间。

接下来，你将详细地了解定位法及利用定位法的实例：背诵诗歌、构建思维导图、脑力训练——对你来说这些都是小事一桩。除此之外，你还能发现一些适用这个方法的新例子。

你想学些卡牌魔术吗？想记住路线图吗？关于这些知识，你都能在这一部分中读到。

在最终章里，我会列出锻炼记忆技巧的额外成果。尽管长期实践时读者可能很难注意到锻炼记忆技巧的好处，但这种锻炼的成果会非常显著。

X

数字形象法

ЦИФРЫ

从零开始更容易形成链条。[1]

——斯坦尼斯洛[2]

---

[1] 由于零没有任何变化，所以能够更加轻易地添加零，从而形成链条。指一种乐观的态度。

[2] 斯坦尼斯洛，20 世纪波兰诗人。

请你想象一下：无论你身处何方，去往何地，始终有一名私人秘书伴随在你身旁。没人能看见他，但你却可以在心里和他交谈。

假设有人向你口述了一串电话号码，而你手边却没有纸笔，秘书便会记下这条信息。如果对方心存疑虑，说完一组数字或是给你展示过一组词语之后，希望确定你是否记住了它们，那么你只需要先把信息转达给秘书，在需要的时候再向他询问这个信息即可。

如果学会以这样的方法理解数字，那么上文的情形就有可能实现了。

下面，请你观察这串数字：

272 314 161 618 141 421 024

为什么对数学家而言，记忆这组数据构不成问题呢？

因为这组数字和他们熟悉的数据有关。

2.72	3.1416	1.618	1.4142	1024
常数 e	常数 π	黄金比例	根号 2	2 的十次方

既然短时记忆能够保存 7 个单位的信息，那么毫无疑问：这 5 个数据是可以轻易地记下来的，而且这组数字的顺序很可能已经进入数学家的长时记忆中了，就算一星期之后迎来突如其来的二次检查，他也能够再次回想起来。

那么，怎么才能取得数学家的这些优势呢？

美国心理学家蔡斯花了 20 个月的时间教志愿者学生将需要记忆的数字转译为已知的信息。例如：256 是 16 的平方，1918 是一战结束的年份。就这样，不到两年的时间，学生就学会了这个方法。如果这些学生碰到一个曾看过的数列，那么他们最多可以记住 80 个数字（不包括我刚才提到的那些）。

不要担心，我们在记忆时不需要做如此繁重的工作。当然，如果你愿意的话，我们也可以在一周内记住 1000 个数字。只不过在记忆数字时，我们也需要和蔡斯的学生一样，将数字转译为熟悉的信息。所以，要想做到这一点，我们首先需要想象 210 个具体形象。

这一方法的基础是我从多米尼克·奥布莱恩那儿学来的，其关键在于：要为前 100 个数字（即 0 到 99）适配上人物和物体的形象，或是将其比拟成某种行为。做到这一点并不难，我稍后会举两个类似的例子。现在，先让我们分析一下这个方法是如何起作用的。

假设我们已经记住了所有的形象，且他们看起来如下：

00	圣诞老人	雪、雪花
01	迈克尔·舒马赫	汽车
02	…	…
…	…	…
…	…	…
07	詹姆斯·邦德	西服
45	阿道夫·希特勒	坦克
46	…	…
…	…	…
…	…	…
56	亚历山大·普希金	机关枪
57	…	…
…	…	…
…	…	…
99	约翰尼·德普	价签、买卖

现在，如果我们碰上了什么数字，我们就能将它们每四位一组划分开，并且按照形象顺序记下来。

比如说，数字9956454501000 7015699可以分为以下五组：

9956 4545 0100 0701 5699

我们根据每一组各描绘一个场景，**这样前两个数字呈现出人物的形象，后两个数字则是物体的形象或表现为某种行为。**

99 56——约翰尼·德普用机关枪射击；

45 45——希特勒开坦克；

01 00——舒马赫掷雪球；

07 01——詹姆斯·邦德坐进车里；

56 99——普希金正在贴一个巨大的价格标签。

要想以恰当的方式牢记这些场景的顺序并且加强记忆，就需要使用我们已经熟悉的定位法——3个定位足以应对上述的例子。例如：我们可以想象约翰尼·德普在卧室里向开坦克的希特勒射击；走廊里的舒马赫向詹姆斯·邦德丢雪球，所以詹姆斯·邦德趁势坐进了车里（不知道为什么跑车竟然在公寓里）并且锁上了车门；而普希金则把一个巨大的标签贴在了浴室的洗手池上。

同理可得，**要想记住100个数字共需要13个地点定位**（除最后一个地点外，每一个定位分配8个数字）。我们可以在想象中走出家门，并且抵达地铁站或公交车站，沿途你可以轻松地找到这些定位地点。每次你想记忆些什么的时候都可以利用这13个地点定位（只是在用这几个地点进行定位时，要考虑到一点——记忆新信息时旧的信息会被覆盖，而且每个地点定位都应该是独一无二的）。你还记得一开始说的 210 个形象吗？

回顾刚刚举出的这个例子：

9956　4545　0100　0701　5699

现在，我们再添加一位数字：

9956　4545　0100　0701　5699　3

如何给这个 3 再附上一个形象呢？我们的数据库里包含 00、01、02、03，但没有普通的 0、1、2、3。要知道……56993 和 569903 是完全不同的数，因此我们必须给这 10 个数字再设计 10 个形象。不过，我们这一次把范围限定在物体当中，因为这些数字应用的情况相当少。我们可以参照记忆师最常用的几个形象，这些形象通常和该数字的外形相似。

0	鸡蛋	5	挂钩
1	铅笔	6	炸弹
2	天鹅	7	旗帜
3	胸部	8	沙漏
4	帆船	9	樱桃

现在，如果你片刻后将听到一串不知道是谁的电话号码，即使手边找不到笔，你也能轻松地记下这串数字。

通常念号码的人的读速不会很快，而且会给数字分组，在组与组之前稍作停顿。

8901……256……45……07……

聊天时，我们通常会用"嗯哼"之类的附和声代替上例中的省略号。

因此，我们可以按如下安排进行记忆：

8901——89 可以不用记，因为这是通用部分[1]。

01——想象 01 是舒马赫，然后听讲话人接下来会说什么。

256——把这个数字分为 2 和 56。试着利用现有的形象构建一个场景——舒马赫开枪射向天鹅。注意，把 256 分为 2 和 56 相较于分成 25 和 6 要好记得多，尤其是在听写号码的时候。另外，你也可以自己试试看，请某个人给你听写一串数字，学习如何记忆数字。

45——想象希特勒，并等待接下来的数字。

07——希特勒穿着西装，他很可能正在演讲。

现在，听写的是和你谈话的这个人本人的号码，首先要能重复出来；其次要检查一下记忆正确与否。

如你所见，数字不多，所以把数字和地点关联起来没什么

---

[1] 俄罗斯号码通常以 89 开头，但只适用于国内通话，如果拨打国际电话则需改成 +79。

意义。

但是，我们该怎么拟定并记住剩余的形象呢？要知道，在这之前为了分析例子，我们只是假设自己已经记住了。

有两个好用的方法可以帮助你设想出这 100 个数字的形象并且牢记住它们。第一种方法利用的是与数字外形相似的联想，它们产生于你看到的这个数字的瞬间，或是你对历史以及生活事件进行的相关的联想。

之前书中提出的示例中正是根据这一原则选择了以下形象：

00——水结冰的温度。这是和寒冷有关的联想，所以我们可以借用圣诞老人、雪和雪花的形象。

01——不算"0"的话这是第一个数字。舒马赫是 F1 车王，总是率先向终点发起冲刺。所以，汽车自然而然地成了第二个形象。

07——詹姆斯·邦德是特工 007。而西装是邦德的标志性形象。

45——是二战结束的年份（1945 年）。这样情感鲜明的代表形象自然是希特勒。不过，对另一些人而言这一形象可能是斯大林或是丘吉尔。

99——标签往往以这个数字为结尾，而有标签的地方就有售货员。但相关的人物形象没找出来，所以……

你也可以使用第二种方法。这种方法需要把数字转码为字母，从而更加轻松地搜索形象对应的词汇。很多人把这个手段视为记忆数字的特殊用法，用它把数字瞬间转换为词语：

　　27——硬盘（диск①），54——毕巧林②（Печорин），65——
鲟鱼（шип）。

　　但这样做太复杂了，而且只能对应一小部分信息。在前文的
例子中，我们虽然也利用了首字母，但选择形象的方式不同：

　　56——Пятьдесятшесть——普希金（Пушкин）和机关枪
（пушка）。

　　99——Девяностодевять——约翰尼（Джонни）·德普（Депп）。

　　如果你留心注意，会发现数字2（два）和数字9（девять）
的首字母是相同的。因此，我们对这两个词的想象需要稍做改
变——运用不同的形象。

附注

　　1. 人物是效用最高的形象。这些形象既有外形特征，也包含
道德品质。也就是说，人物形象拥有极大的想象空间，以建立思
想和情感上的联系。所以，人物应该是首要的形象选择。

　　2. 在二类形象的选择上，包括具体的行为和物体。比如说，
在"自主性"和"椅子"之间最好选椅子；在"贬值""灾难"和

---

① 数字27的俄语是двадцатьсемь，单词"硬盘"中加粗的字母 д 和 c 是27这一单词
的开头字母。后文同理，如54пятьдесятчетыре、65шестьдесятпять 等。
② 毕巧林是俄国作家莱蒙托夫创作的长篇小说《当代英雄》的主人公，是一名灵魂孤独
的青年贵族军官。

"耳光"之间，选耳光。因为我们不能掌摑"自主"，也看不见它，而且也很难设想出和它有关的场景，这个词会和"自豪""自信"等情绪相混淆。而且建筑物、场所和国家的形象也很糟。比如说，想象"大象"比想象"动物园"简单，"一扎啤酒"和"德国"也同理。

3. 选择形象的原则。不同的形象彼此之间不应该太相似，这样以后才不会混淆。这一点非常重要！在分析的例子里，我们就不能用"手枪"这个形象来代表数字，因为已经用过"机关枪"了，也不能用"冰"，因为已经存在"雪"了。

4. 如果你觉得搜寻合适的形象有些困难，而且所想象的很大一部分形象已经出现过了，那你可以只给你喜欢的数字匹配上朋友或是喜爱的演员的形象。反之，令人不悦的数字则匹配你所厌恶的人物形象：像是数字 58（пятьдесятвосемь），你就可以选择孔雀（павлин）这一形象。你不用立刻就定义到人物身上，可以先试着找一个在你看来极其骄傲和浮夸的人（和你对孔雀的看法无关），然后利用联想把这个形象和数字联系起来。

就像定位法一样，数字本身并不重要。接下来的几节中将列出应用的例子。除此之外，试着限时训练记忆，记住 100 个数字。**去实验，让形象更加鲜明，更加饱满吧！**用不了 4 分钟，你就会在最意想不到的领域看到效果。比如说，在阅读幻想小说的时候……这一点将在"特别的一节"中提到。

129

如何利用定位法？

КАК МОЖНО ИСПОЛЬЗОВАТЬ
МЕТОД МЕСТ

想象力可以解决一切难题。

——布莱士·帕斯卡[1]

---

[1] 布莱士·帕斯卡（1623—1662），法国数学家、物理学家、哲学家、散文家。

前节已经提及，定位法是所有记忆技巧中最好用的方法。读完这节后，你将学会如何广泛地运用这个方法，并且再次明确地认识到：数字形象法是多么的高效。

扩宽眼界

请你试着通过想象置身于城市里你最熟悉的那个区域，选任意一个位置为起点，像是喷泉或纪念碑，然后在脑海中穿过它走向另一边。留意沿途所有值得一记的地点——长椅、商店、小巷、垃圾桶、拱门、不寻常的建筑物——即你印象中的一切地点。但是，尽量不要重复，不要同时利用两条长椅或是两家并排的杂货店。而且，为了不打乱顺序，这条路线上每 5 个地点都要标上数字，如 5 米，10 米，15 米，20 米，25 米等。举个例子，如果行程中的第二十五个地点刚好是人行道，那么可以想象马雅可夫斯基[1]（我的第 25 号形象）站到了人行道中央，他在大声地朗诵诗歌，

---

[1] 弗拉基米尔·弗拉基米罗维奇·马雅可夫斯基（1893—1930），苏联诗人、剧作家。

不让任何人通行。

现在，重复几次你确定下来的这个顺序，想象你自己穿过这些地点，然后进行往返。你如果确定了 25 个地点定位，那么就可以记住一张包含 50 个物体的清单，每个地点分配 2 个物体；或是像上一节一样在每个地点中安排 8 个数字，从而便于你记住这 200 个数字。

这样的路线有利于你记住形形色色的信息，优点在于你可以用它记住新的信息，并逐渐抹消旧信息的影响。多掌握一些路线可以带来很多便利，如一些路线可以用于公共场合的发言，另一些用来记录每天或每周的计划，还可以用到准备谈判或备考上。

我是如何记住 π 的小数点后的 22528 位的

你很有可能会猜测我是否做到了沿着整个城市进行想象漫步。毕竟就算为每 16 个数字安排一个定位，也需要 1408 个单独的地点才行，而且还需要以确定的顺序将这些地点印在大脑中。

每当我想按顺序记忆 1000 个数字时，我就会走到城市里，记忆至少 64 个地点。一边沿着街道行走，一边注意观察新的位置并且用数字形象法加固记忆。因为我经常走到不熟悉的地方，所以我不是每 5 个地点做一个数字标记，而是标记每一轮的第 1 个地点。

如果 100 个形象用完了，我就重新开始一轮。有时，我在一次散步期间就能够记住 150 多个地点，但要想做到这一点得独自出门，避免和别人同行。

我回到家里，打开电脑之后，通过在既定路线上给每 16 个数字设定 1 个地点的方式，我记住了 1000 个数字，并且只花了不到 2 个小时。这样一来，在不考虑重复的情况下，想记住 2 万多位数字我只需要停顿 22 次。

如果给 64 个地点中的每个地点都分配 16 个数字，那就意味着可以记住 1024 个数字。如果对 1024 个数字进行 22 轮记忆就可以记住 22528 个数字。

但是，我也不是立刻就得出这一结论的。一开始我试着写诗，然后甚至试着将前一千个数字关联到我喜爱的文学作品上，但这些方法花费的时间和精力实在太多了。尝试过错误的方法之后我挑出了最高效的记忆方法。这不仅对数字记忆很高效，对其他类型的信息也是。正如同前言所述，这本书只提供最好用的记忆法。

其实，记住信息只是计划的一部分，而且也很难直接解释在创造纪录之前我是如何重现记忆的。挑战记录不容许出现失误，就算过后你能够纠正失误，但说出去的话就像泼出去的水，是无法收回的。在背诵 π 时，我一共有三次机会。当时，我饱受失眠和紧张情绪的困扰，非常紧张，所以前两次面对委员会重复 π 的数字时我都搞砸了，甚至没有越过 100 位这个槛。于是，在第三次复述数字之前，我先将每个形象重新检查了两遍。3 小时后，我背诵到了第 8332 位，已经超越了该项目在俄罗斯的纪录。这时，我决定大幅提速。到 1100 位的时候，我省略掉了想象出的形象，那一瞬间我意识到自己已经不需要用刻意的形象帮助自己回忆了。

记忆文字信息

> 我命令议员不要以书面形式发言，
>
> 他们的言语要像风暴一样受所有人瞩目。
>
> ——彼得一世 [①]

尽管我们并非生活在彼得一世时代，但面对公众时，脱稿演讲的能力仍然很难得。和听众保持视线沟通的演说家比那些只是读稿的人出众得多，他们往往会拥有更多成功的经历。除此之外，保持**观点的连贯性** [②] 和记录数字信息也不是那么难。

如果演讲者愿意，他可以记住演讲稿上的每个词，但这样没有什么必要。因为这不仅会让讲话变得不自然，而且单单是提前准备就要花掉很多时间。更合理的方法是标注出主要论点并把这些论点转化为形象，再将这些形象排布在早先规划好的路线上。

举例而言，如果你准备就"日常生活中如何运用记忆技巧"这一主题开展培训讲座，那么我建议你将讲座按照如下顺序进行：

---

① 彼得一世·阿列克谢耶维奇（1672—1725），后世尊称其为"彼得大帝"，俄罗斯帝国首位皇帝，俄罗斯历史上仅有的两位"大帝"之一。

② 假设你想表达的观点有 10 条之多。

1. 最开始，为了吸引大家的注意力和提起观众兴趣，你可以暂时不要进行自我介绍，也别讲述相关的事，等 5 分钟之后再揭晓原因。

2. 随后，你可以提起：记忆中存在一种过滤器和屏障，使人无法高效地记忆信息。但实际上可以绕过这类障碍。

3. 再以记忆人名为例，向听众讲述如何突破这些记忆障碍。最后，进行想象环节，要求其他人展开想象，从而使听众得以训练第一种记忆技巧。

4. 经过上一环节你可以听取听众的意见及评论。

5. 现在向听众表明：你有两种关键的记忆密钥，而且为了使其更加直观，你从口袋里取出一对钥匙。

6. 你使观众得知，他们现在要自己探寻这些密钥，并且要求他们想象生活中愉快、满足的时刻。并且使观众将注意力集中在这些美妙时刻上。试举一例，这种注意力类似于去电影院看电影或是去水上乐园。

7. 询问观众是否每个人都成功想象到了事件发生的场景，并和他们讨论这些情形——理想状况下每个人都能想到一个地点——向大家表示，地点是第一把密钥，并且告诉他们西莫尼德斯的故事（参见第一章的"清单记忆法"）。

8. 询问在场的人，第二把钥匙是什么呢？众人很可能会猜测——情感。

9. 告诉观众，海马体的神经元又称"地点细胞"，海马体起着

什么作用，我们正是基于情感才能进行记忆，以及这样一来可以
突破记忆障碍。

10. 向大家阐明如何利用定位法（参见第一章的"清单记忆
法"）。要求每个人规划出一条由 10 个地点组成的路线。

11. 建议所有参加者分成两两一组，分别向对方口述 20 个词，
试着以不同的顺序记住这些词汇。

12. 提问，解释，反馈。

这样，要想记住这个培训的流程，需要准备一条覆盖 12 个地
点的路线，因为我们的这一培训有 12 个部分。我们可以把该路线
的第一个地点设定为公寓里的阳台，在这里安排一个能使你联想
起一些"阴谋"的人的形象。我心中类似的形象是奥地利外交官
梅特涅王子[①]。想象有人把他关在阳台里，他拼命地敲门，想试着
引起注意。

在第二个地点厨房中，放置一个田径栏架，如果想从厨房出
去，首先就得跨越过这个栏架。

诸如此类的还有很多。

想象在第十二个地点（公交站）处有一个满头雾水的人（象
征问题的形象）在等公交车。

好了，整个培训的结构已经印在了你的大脑里。

或许，你正在准备一场和足球史有关的讲座。这个主题的讲

---

① 克莱门斯·梅特涅（1773—1859），19 世纪著名奥地利外交家。任内成为"神圣同盟"
和"四国同盟"的核心人物，反对一切民族主义、自由主义和革命运动。

座很复杂，因为这意味着你要用到不少数据信息。下面，请看一个将具体信息转化成形象的例子。

史云顿的城市档案馆中记载着：1882年时，已经有23所高中拥有了自己的足球俱乐部，超过1000名孩子在俱乐部里训练。1886年，当地教师课后和自己的学生们一同踢足球。1888年，老师在算术课中利用了著名职业球员的姓名。

这一段文字虽然包含大量翔实的信息，但我仍然可以将其融入一个地点当中。假设这个地点是喷泉，所有的时间都发生于19世纪，也就是1800年至1900年间。因此，我想象伊戈尔①（我的第18号形象），一个巨人，蹲在喷泉旁边，看向一幅徐徐展开的画布。然后，他从左侧移到右侧。因为时间的起始范围是确定的——自1800年起，所以人物形象也是确定的。第二批由物体和行动组成的形象则负责确定持续时间，我用一架飞机代表数字82，所以我想象这架飞机停在喷泉左侧，机翼上坐落着一些微小的学校，旁边则分布着一些足球场，贝克汉姆②（我的第23号形象）正在上面训练孩子们踢足球。

喷泉中间有一座粉红色的小屋，旁边有一只天鹅，这是因为

---

① 伊戈尔·克鲁托伊（1954—），俄罗斯著名作曲家、钢琴家。

② 大卫·贝克汉姆（1975—），前英国职业足球运动员，司职中场。

史云顿 [①] 源自英语 "swindon"，听起来像是 "swan（天鹅）"，而稍右的池子里漂浮着一件军装（我的第 86 号形象），微型的老师和学生正在军装上踢足球。视线再向右移动，里埃拉 [②] 躺在喷泉旁边，这是我为 88 号设定的第二个形象。为了和第一个形象相区别，我特意想象了一个人物形象。他浑身都文着算式。

初次尝试时，你很难正常地快速回想起所有信息。因此，如果你想把整场讲座转化为形象，则需重复几次这个过程，这样才能轻松地利用事实和数据。

相比记忆数字，背诵诗歌的方法会简单得多，因为诗歌非常悦耳。只需要完成以下 5 步就能实现记忆：

1. 快速地读 4—6 遍材料。

2. 把每一行的第一个词转化为形象，并把形象安置在预先设定好的路线中，单独安置即可。

3. 现在试着瞄一眼文字，回想两遍。

4. 稍稍休息一会儿，再次重复，这一次不要偷看。你可能会感到有点儿困难，无法回想起任何一行诗句。

5. 这种情况下给每一个忘掉的词汇特意挑选一个形象，并且将其放置在前一个形象旁边，即同一行中第一个形象的附近。假设是下面这一行出了点儿问题：

---

① 史云顿区（Borough of Swindon），英国西南英格兰的一个单一管理区，以史云顿为中心，是威尔特郡的一部分。

② 阿尔伯特·里埃拉（1982—），前西班牙足球运动员，司职左前卫。

睁开你半阖的双眼……

第一个词会使我想到"启动"，就像电脑桌面的开始键一样。接下来，如果我什么也回想不起来，就可以想象：除了开始键，底部的任务栏上还有一个隐藏（半阖）的窗口，看起来就像一双眼睛。

面临需要快速分析材料并抓住重点的情况，还有几种处理文字信息的方法也很好用。比如说，增强注意力就意味着要记住更多东西，所以开始阅读前要先确定目的。试着针对性地阅读下列两段文字，要找出其他处理文字信息的方法，只看名词。

大多数人都不能保持注意力高度集中，这是因为我们通常认为这是因为当今世界每个人都陷在大量信息流中。美国学者通过实验证明：办公室白领的注意力平均每3分钟分散一次，同时每个白领平均同时开着8个浏览器窗口。如果一个人到了晚上突然得解决一份书面工作，他当然会非常困扰。尤其是接手阅读文章或是撰写报告之类的工作，他们会陷入注意力非常涣散的困境。倘若工作很有趣还好，但假如很没劲呢？面对这种情形，一些懒惰又狡猾的人早就找到了让自己提起兴趣的方法：要想象你所读的这份文件正是出自你的"敌人"之手！如果你去寻找文件的错误和纰漏，就会明显集中注意力，而且记得更充实。这个方法在听讲座时也可以用到，而且不必完全集中注意力：试着寻找发言人逻辑上的矛盾之处，从而反驳他（不一定要真的去反驳）。这样一来，从渴望反驳、批评、吹毛求疵等负面情绪中你也可以得到很多信息。

类似的方法还有：听完一句话后保证立刻复述。就算你实际上并不打算复述这句话，也要向自己承诺一定会复述它。这样，注意力就会更加集中。当开始阅读时，你需要略过不重要的信息，只关注那些值得用复述来牢记的重要部分。同理，还有一些好用的方法。例如：如果你想象着要把这个信息记忆一年甚至更久，而不是只记到第二天，那么你的记忆就能留下更多的信息。

思维导图

和书面提纲不同，思维导图可以随时随地应用，不论你是在开车、慢跑还是潜水。无论你在哪儿，任何闪现的想法都可以迅速存储在记忆里。

如何应用导图呢？

让我们分析以下示例：

假设你下班听着电子书正步行回家。这时，你想标记一些有趣的地方，好回头再看看或者分享给朋友抑或是摘抄到读书笔记上。但是，大街上很冷，而且你也不想摘下手套在手机上记笔记。那么，这时你就可以用思维导图实现这一目的。

接下来，我们研究一节有声书的摘录片段及其记忆方法：

实际上，人类可以分为"走运者"和"不幸者"两种人。一些实验证实了这一事实，举例而言，赫特福德大学的英国心理学家理查德·怀斯曼曾在一些报纸上刊登声明，建议所有认为自己格外幸运的人，或是反之，认为自己格外不幸的人都前去参与实验。学者将一份大型期刊下发给了每一位回应者，并且要求他们数清楚其中照片的数量。这一行为的狡狯之处在于：这份报刊的其中一页是伪造的。在广告声明中学者插入了一段文字，内容如下："通知接受实验的人员，如果你注意到了这段话，那么你将得到 250 英镑的奖金。"这条声明以大号铅字排版印刷，占据了半页之多。猜猜是谁注意到了呢？所有"走运者"无一例外都注意到了，并且得到了奖金。而实验前声称自己老是倒霉的人中，没有一个人注意到这条声明。他们都只顾着完成任务——一丝不苟地数照片，甚至无暇看看文字。

怀斯曼的实验证明：运气不单单在于巧合，而在于人是否做好了利用运气的准备。

如果你觉得这个研究很有趣，并且决定为其列出思维导图，那么就该在路线图中的第一个定位上放一个马蹄铁符号（幸运的象征）。额外利用些情感联系也不碍事，所以请想象马蹄铁被阳光晒得滚烫，你感到碰触它的时候被灼伤了。

如果问我需要记住"奖金是 250 英磅"这一信息，那么我就会想象马雅可夫斯基（我的第 25 号形象）向马蹄铁抛了个鸡蛋（第

0 号形象）。

接下来，以类似的方式将你感兴趣的想法分别排到路线图中第二、第三及其余地点定位上。

脑力训练

爱因斯坦年轻时设计过一个难题，后来用于考察其助手候选人是否合格。通常认为，只有 2% 的人能够在无纸笔的情况下解决这一难题。

先了解一下这个题目给出的条件：

· 有 5 座颜色不同的房子。

· 每座房子里都住着 1 个不同民族的人。

· 每个住户都只喝特定种类的饮料，吸特定品牌的香烟，养某种动物。

· 5 个人中，任何人都不喝和其他人一样的饮料，不吸相同的烟，不养一样的动物。

1. 英国人住在红房子里。

2. 西班牙人有条狗。

3. 住在绿房子里的人喝咖啡。

4. 乌克兰人喝茶。

5. 绿房子建在白房子的右侧。

6. 吸 Old Gold 牌香烟的人养着一只蜗牛。

7. 住在黄房子里的人吸 Kool 牌香烟。

8. 中间房子的住户喝牛奶。

9. 挪威人住在第一座房子里。

10. 抽 Chesterfield 牌香烟的人的邻居养狐狸。

11. 养马的人的邻居吸 Kool 牌烟。

12. 抽 Lucky Strike 牌香烟的人喝橙汁。

13. 日本人所吸的烟的牌子是 Parliament。

14. 挪威人住在蓝色房子旁边。

问题：谁喝水？谁养斑马？

如果有铅笔和纸，任何人都能解决这个问题，只需要设计出表格并且列出和条件不相矛盾的答案即可。

房子	1	2	3	4	5
房子的颜色					
国家					
香烟品牌					
动物					
饮料					

但要是只动脑——你的确需要这样做。不用表格，而是使用预备路线。在你之前规划好的路线中，任意一条都可以利用，但是最方便的还是选择一条你已经能够完整记忆下来的新路线，这样就不必沿着它再挨个儿定位尝试一遍。

如果你住得足够高，看一眼窗外就可以拟定一条这样的路线。如果你记忆力还不错，那么就在想象中穿过某幢一侧有 5 个不同标志地点的建筑物。例如：我为解决这个难题选择了一栋不大的楼房，楼里有宠物商店、牙科诊所、干洗店、花店和食品杂货店。

现在，你已经有了 5 个定位的地点，需要再找 5 个——如果你陷入了解题难点，它们能起到必要的辅助作用。你可以从路线图中任选 5 个合适的地点定位，要和前五个区别开。你会发现：你记住的地点顺序越多，就越容易处理各种信息。

好了，让我们试试用前 5 个地点解答这个问题。

根据第 9 条，**第一座**房子里住着挪威人。想象路线上第一个地点（对我来说是宠物商店）中有个挪威人的形象。如果你无法找到一个挪威人的形象，就想象有一个犀牛（基于谐音），并且赋予犀牛一个人物形象，让它站起来，穿上西服。

第 14 条里写着挪威人住在蓝色房子旁边。这就是说，我们的第二个地点应该漆成蓝色。如果对你来说颜色很难想象和记忆，那就赋予这个条件一些特殊意义——像是在墙上随便挂些能代表颜色的东西。举个例子，我在牙科诊所的入口处挂了一个蓝色伏特加酒瓶，这样患者就可以在取下它的同时也释放紧张情绪，特别是拔完牙之后。蓝色瓶子这一联想有助于加强对颜色的记忆。

继续往下看。第 1 条和第 5 条指出：**第一座**房子只可能是黄色的，因为绿色和白色的房子是挨着的（这一条件不适用于前两座房子，因为从 14 条得知，第二座房子是蓝色的）；而红色房子已经被英国人占用了（而不是挪威人）。所以，你可以将第一个地点定位漆成黄色，或是在墙边放一个小鸡，正沿着墙角歪歪扭扭地走路。

根据第 7 条——黄房子，也就是**第一座**房子的住户吸 Kool 牌的香烟。想象穿着衣服的犀牛在燃烧枯木头，火焰很高，气味很刺鼻（这里用一句话概括就是：要尽可能地好记）。

从第 3、4、8、12 条中可以推断出：**第一座**房子的住户喝水。想象穿着衣服的犀牛旁边有个盛着冷水的桶，然后它把手浸在里面，感到水温非常凉。（任何附加的情感都能够使你更清晰地记忆事物。）

第二座房子的住户养马（从第 11 条得知）。你可以想象一匹马在那儿。

第三座房子的住户喝牛奶（从第 8 条得知）。请你暂时想象有个幽灵在那儿喝牛奶，而且全都从不存在的肚子里漏了出去。

当我解答到问题的这一阶段时，遇到了一个瓶颈——英国人要么住在第三座房子中，要么住在第五座房子里，但我不想高度紧张，所以干脆假设他就住在第三座房子里。如果一会儿证实这个猜测是错误的，就又出现了一个附加条件，即他住在第五座房子里，到时候就不得不把所有形象转移到 5 个新地点里了，否则会混淆。因此，随意进行假设之前需要先重复所有已确定的推论，才能更轻松地重新设定问题的答案。

在幽灵所在的地方放一个英国人，像是夏洛克·福尔摩斯之类的。为了把墙漆成红色（从第 1 条得知），我们用鲜血来涂墙。

第四座房子是白色的（从第 5 条得知）。在第四个定位地点的墙边设定一位穿着白色工作服的教授。

第五座房子是绿色的（从第 5 条得知）。沿着第五个定位地点的墙边种上青草。

接下来，第二座房子里要么住乌克兰人，要么住着日本人。先暂时想一想，不要创造形象。如果那里住的是日本人，他会喝些什么呢？不是水（水和第一座房子相关），不是咖啡（第 3 条），不是茶（第 4 条），不是牛奶（和中间的住户相关），也不是橙汁（第 12 和 13 条）。也就是说日本人什么也不喝，那也不可能。这就意味着**第二座**房子里住着乌克兰人。想象克利钦科（乌克兰拳击手）或是舍甫琴科①正在第二座房子前上马，而且不小心把茶（第 4 条）洒到了马身上，马险些因此失控。

日本人住在绿房子里，即**第五座**房子里喝咖啡（第 3 条）。想象一个用小咖啡杯喝咖啡的日本人，担心会混淆的话也可以想象一个大咖啡壶。

---

① 安德烈·舍甫琴科（1976—），乌克兰足球运动员，司职前锋，前乌克兰国家队队长。

在**第二座**房子里，乌克兰人抽着 Chesterfield 牌香烟（第 6、7、12、13 条）。

第 12 条中那个抽 Lucky Strike 香烟的人喝橙汁，而橙汁只有**第四座**房子的人才可能喝。而且只有西班牙人养狗。在地点定位上设置形象。

重新安排已知的结果，接下来可以快速进行调整，不必创造多余的形象，因为不需要利用长时记忆，我们的短时记忆也能胜任。

现在，运用排除法，英国人只剩下 Old Gold 牌香烟可以抽了，这就是说他养着一只蜗牛（第 6 条）。第 10 条可以推断出挪威人养狐狸，所以只剩日本人可以养斑马了。

答案：挪威人喝水，斑马是日本人养的。

这类题目开始可能很难应付，但如果你习惯了使用定位法，你就能快速地解决这些题目。在想象的路线上排布的形象回忆起来就像回忆写在纸上的词语一样轻松。

现在，试着独立解答类似的题目，不要动笔，条件如下：

·阿廖沙、瓦夏和谢辽沙 3 个人在同一年级学习。每个人都对以下 6 种运动中的其中 2 种感兴趣：足球、篮球、排球、网球、游泳和自行车。

·3 个人所热衷的运动种类各不相同。

1.3 个人中，谢辽沙和打网球的人、游泳的人一起从学校回家。

2.游泳的人和踢足球的人是邻居。

3. 阿廖沙是 3 个人中年龄最长的，而打网球的人比骑自行车的人年纪大。

4. 3 个人中，阿廖沙、骑自行车的人和打排球的人一起看有趣的电视转播节目。

那么，他们分别对哪些运动感兴趣？

谈判、面试及其他

现在，你已经学会了运用定位法，并掌握了不同的应用方式。对你而言，无论是独自准备谈判、面试、考试还是参与进任何谈话都已经不成问题了。

不管遇到什么问题，想想如何利用定位法来解决。你会惊讶地发现：这个方法实际上适用于解决一切问题，甚至可以对抗焦虑（这一点稍后再说）。

预备路线是一个万能的结构，可以使你按规律排列信息，或是将信息从任意顺序中抽离出来。举例来说，如果涉及谈判，那么摆在你面前的任务（在还没解决之前，它是个问题）可以轻松地用定位法解决。任务有可能是下列形式：

1. 牢记这次会面主要的相关主题信息。

2. 牢记谈判过程中关键的事实、论点并证明。

现在，你需要解决问题。

面对第一种情况时，你要像之前所做的一样，把信息转换成形象，然后将其分布在预备路线上。你已经知道该怎么做了。想象你跑着经过的沿途地点，并且快速地收集那里的数据，这样做比用笔记记下来还快（如果信息点非常多的话，这个方法效果尤其显著）。

针对第二种情况，则要单独准备一条路线。你得确保自己能够轻松地在想象中经过这条路线。只有这样，你在谈判时才能按合适的顺序列出转化成形象的重要论点，并且不遗漏重要的细节。

无论你面临什么样的任务，总能找到方便的解决办法。面试和备考当然也不例外。

x

最后的王牌①

ТУЗ В РУКАВЕ

① Ace in the hole 这个惯用语来自一种扑克游戏。每人发 5 张牌，其中 4 张摊在桌面上。
1 张是暗牌，只有得牌的人才可以瞄一眼。这张暗牌就叫"底牌"。如果你的底牌是"A"，
那就意味着你有了秘密的撒手锏，要到一决胜负的最后关头才出。

地图不等于疆域。

——神经语言学原理

记忆扑克牌是地位最重要的记忆比赛。不知道为什么，这被看作最困难的任务，尽管实际牌面上没什么特别的东西。外语、人名和相貌都比这难得多了，因为这类事物是无穷无尽的，而扑克牌只有 52 张[①]。

　　关键是：如果你已经构思且牢记了用于数字的形象，那么已经完成了一半任务。可以用这些形象来记牌面。

　　举例而言：

　　01 的数字形象——舒马赫，可以扩展到黑桃 A 上。

　　07 号形象——特工 007——黑桃 7。

　　21 号形象——吉姆·斯特吉斯[②]——红桃 A。

　　诸如此类。

　　在下文中我列出了一个表格，用于将数字形象转换为纸牌形象。

　　填进表格的数字即数字形象，如你所见，不需要构思任何新形象，只是必须要习惯现在这种形式。

---

① 一整副扑克牌是 54 张，但竞赛中通常只取 52 张，不包含王牌。

② 吉姆·斯特吉斯是著名演员，电影《决胜 21 点》的主角——为何不选他为 21 号形象呢?

花色	黑桃	红桃	梅花	方块
A	01	21	41	61
2	02	22	42	62
3	03	23	43	63
4	04	24	44	64
5	05	25	45	65
6	06	26	46	66
7	07	27	47	67
8	08	28	48	68
9	09	29	49	69
10	10	30	50	70
J	11	31	51	71
Q	12	32	52	72
K	13	33	53	73

接下来，我们就可以像利用其他信息一样记忆卡牌了。第一张牌是人物形象，第二张是行为或物体形象。我们将图表中得到的形象联系安放在预备路线上。比如说，我们将黑桃 7 和黑桃 A 转变成詹姆斯·邦德在开车的场景。

你可能会惊讶地发现自己能够极快地记住 52 张扑克牌。猜猜看，对一个普通人而言，记住整副牌需要多久呢？——通常不会少于 1 个小时。而德国记忆大师西蒙·莱茵哈德只需要 21 秒就可以做到。2011 年，他以 21 秒的成绩创造了世界纪录。

但是，他的成绩很难复制。几次训练之后，你就可以在 5 分钟内解决这类任务，但要想跨过 1 分钟这个槛，必须大量练习才行！

记忆牌面的能力不仅能用来参加记忆大师的比赛，而且也能提高你在一些流行纸牌游戏中的胜率，像是 black-Jack、"白痴"等。但你也要考虑到，仅仅学会记牌面还不能保证百分百取得胜利，还需要策略。通过玩 black-Jack 这一纸牌游戏，多米尼克·奥布莱恩赢了不少钱，但他光在钻研自己独特的策略上就花了好几个月时间。

如何记忆路线图？

适逢假期，在别国沿着某个陌生的城市散步时，你可以想去哪儿就去哪儿，想走多久就走多久。即使是肆意徘徊，漫步在城市的各个角落，你也不必担心迷路，因为你可以轻易地沿自己的路线返回。掌握这种诀窍同样需要数字形象。你只需要将它们从01到99，按大小顺序排列在每个拐角处即可。当然，也不一定非要冒险，什么也不提前准备。但是，只要掌握了这个方法，你可以牢牢记住任意一条路线。

具体方法如下：

1. 转到一条新街道上，你开始四处张望，思考有什么事物可以建立联系。**要寻找一些不同寻常的东西**，尤其是一般很少在大街上看见的那些，并且记忆周围的环境。

2. 找出不寻常的事物（如一个破损的路标）。之后，你就可以将自己的第一个形象01放置在那里，好使它可以帮助你回忆方向。请你试想：舒马赫正沿着你所在的这条街道快速奔跑。而到了该原路返回的时候，想象舒马赫试图利用路标快速转弯，并且即将拐到你要去的那个方向。他一边跑一边设法急转弯，飞奔着抓住路标，但路标没能支撑住他的重量，所以坏掉了。

3. 继续走，随心走，并且把所有情形再想象一遍。到下一个路口时重复第一步和第二步，但设定完第二个形象之后要尽快回顾上一个情形。

4. 第三个地点方法也一样，但需要复习的不是第一个情形，而是第二个。到第四个地点时就回忆第三个情形，诸如此类。

特别的一节

БОНУСЫ И ИНДИКАТОРЫ

逻辑可以使你从 A 点到 B 点。

想象则能让你抵达任何想去的地方。

——阿尔伯特·爱因斯坦

本节的内容并不多，但从中你可以了解到记忆大师们的一些不寻常的成就，而且这些成就都可以轻松达成，有时甚至在不经意间你就能取得进展。其实，这里的关键就在于你是否擅长利用前文所述的记忆技巧，换句话说，你是否已经对大脑进行了大量训练，并将记忆力提高到了一定水平。当你在飞快地记忆什么东西时，就会发现自己的脉搏变快了，呼吸也变得更急促，仿佛像在跑步一样!

　　因此，最好的结果是你不但读完了这些方法，而且还可以纯熟地运用它们。如果你能够在 4 分钟内记住 100 个数字，在 1 小时内记住 60 个外语单词。那么，这已经是不寻常的进步了。

　　我为什么将其称为不寻常的进步呢?

　　1. 你会发现你的大脑在阅读过程发生了一些变化，尤其是看幻想小说的时候。你能够更快速地重温书中所描写的情形，而且所描绘出的形象也具有了更丰富的细节。

　　2. 留意一下自己的梦境。梦境变得更活跃，情节显著地复杂起来，当你醒来后能记住的细节越发增多。这些变化意味着你的大脑正在升级。生活中，人们很容易注意到梦境的变化。

3. 无论是抽象思维能力还是感官认知水平，不管是通过自主训练还是神经语言学训练，这些训练或多或少都会让你的大脑有所变化。如果你在工作中习惯于想象出具体的形象，那么你的大脑会逐渐发生结构性地转变，而且将会习惯以另一种模式思考。

在锻炼记忆力的过程中，你的大脑还会发生其他的变化（本书无法一一列出）。考虑到事件的叙述逻辑，你在最开始就应该想象出与事件相关的内容。当然，你也可以试着在自己所列出的形象中找找看。除了事件中所列举的信息，我希望你还能不断地发现点儿什么，因为在你的想象中，坦然接受新思想是关键。

锻炼记忆力还有一个好处——快速地记忆密码。当你掌握了这种记忆法后，记忆成百上千个网络账号的密码也不在话下，并且不论过多久你都不会忘记这些密码，也不需要撕记事本或是经历一系列枯燥的找回密码的手续了。并且，最重要的是，你的密码会变得非常难以破解。

还有一些人在所有的网站上都使用了同一个密码，他们这样做的原因就是——不需要反复记忆多余的数据。但是，如果其中一个账号的密码被专业的破解人员得知，那么你所有的登录信息，尤其是支付账号，都会落入网络不法分子的手中。

就算你的各类密码有所变化也无济于事。试想：如果你密码的核心是"Parol89"，为了提高安全性，你将另一个账号密码设为"AParol89"。其实，这样做完全是没有用的。一般的电脑都能够做到每秒筛选150万组密码，更不用说专业破解人员的电脑了。

怎么办呢?

如果选用那些最烦琐的密码,又怎么记住它们呢?

其实,你不但不需要特意去记,还可以为每个网站账户都设置特殊的密码。

难道这样也能记住吗?

当然可以。人们往往有一个通用密码,在登陆不同的网站时围绕这个密码稍作改变,以"Parol89"为例。

登陆 Facebook[1] 时密码如下:

Parfacebookolcom89

Vk 账号[2] 密码:

Parvkolcom89

Gmail 电子邮箱[3] 密码:

Pargmailolcom89

然后,每个网络账号都差不多。你牢记下了所有"变形",脑子里只有一组通用密码,而且你的密码也不可能被破解。其实,你不按照这种类似的体系,也可以将一些特殊的词增添到网站的名称里。比如说,你可以添在第一个字母后面、最后一个字母前以及最末尾。你也可以设置一个更复杂的通用密码,类似于"1a#g9df14"。这样的密码是一个完美的组合,因为破解这样的密

---

[1] 中文译为"脸书"或者"脸谱网",美国的社交网络服务网站。

[2] 俄罗斯知名在线社交网站。

[3] 谷歌(Google)的免费网络邮件服务。

码最快也要几百年，比如这种——f1a#acebookcog9dmf14。

　　简单点说，这样做的意义就是使密码在一定范围内变形。此外，你也可以额外选取一些特殊细节，像是改变字母的数量。例如：Facebook 有 8 个字母，如果你用 7*3# 这种简单的密码，就相当于没设密码，但如果在每个数字和符号后面都添上字母，并且把符号和符号间隔开来，就会得到 1f5a*c1e1b#ook。

　　比如说，Gmail 邮箱的密码就是 1g2m*a8i#1。

附章
Дополнение

Помнить всё.
Практическое руководство
по
развитию памяти

底部永远是底部，就算位于上方也一样。

——斯坦尼斯洛

本书的前几章提出了一些你应该了解的知识，因为要顾及叙述逻辑，所以你将在这一部分读到一些基础内容。毕竟，如果一个人既不了解基础又没有实践经验，那么了解细节又有什么意义呢？就像一个人如果身处海洋之中却没有救生圈，最要紧的是得会游泳，而不是他的个人卫生问题、如何预防受寒、是否了解有关疾病和伤口的知识等。

　　如果你已经掌握了记忆的基础，那么你就可以在实践中应用它们，如果这时再额外了解一些知识点将会非常有意义。

如何正确地复习？

Как правильно повторять

记忆是知识的唯一"管库人"。

——菲利普·锡德尼[1]

---

[1] 菲利普·锡德尼（1554—1586），英国散文作家、诗人。

与记忆相关的科学研究最初是由德国心理学家赫尔曼·艾宾浩斯于 1885 年开展的。但直到今天，当时取得的成果还远远没有被全部利用。艾宾浩斯曾通过记忆一些无意义的音节，证实了记忆的过程中容易遇到的问题，即最开始时遗忘的速度极快。记住事物之后，前 20 分钟会丢失 40% 的信息，24 小时之后会忘记 67%，而一个月之后只会遗忘 79%（图 3a）。

时间间隔	刚刚记忆完毕	20分钟	1小时	9小时	11天	2天	6天	31天
记忆量（%）	100	58	44	36	33	28	25	21

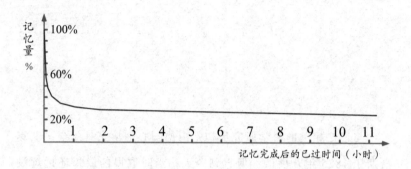

图 3a 记忆中保留信息量和时间间隔的关系

很显然，最开始的几分钟内遗忘的信息量最多。再看一个更加精确的趋势图表（图 3b）。

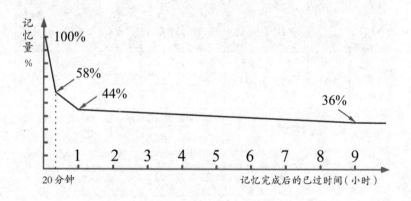

图 3b 记忆中保留信息量和时间间隔的关系

这一规律虽然是基于背诵无意义音节取得的，但同样适用于具有复杂意义信息的记忆，如小说或是诗歌。如果我们想长期牢记些什么，就必须在记忆完成的当天复习。

如果以寻常方式背诵无意义的音节信息，那么复习效果将呈下图趋势（图 3c）。

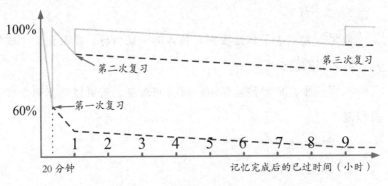

图 3c 记忆中保留无意义信息量和时间间隔的关系

虚线图表明我们在不复习的情况下具体会丢失多少信息，实线图表示我们能记住多少信息。如你所见，每复习一次，遗忘曲线的角度都会更加平缓。而且，如果我们在第二天就着手进行第一次复习，甚至不需要对所有知识进行重新记忆。

但是，如果你需要记忆语义复杂的信息，那就是另一回事了（顺便一提，运用记忆技巧记忆的那些无意义音节，就等同于有语义）。一般而言，记忆语义信息比无意义信息快八倍，而且记忆的时间更久。心理学家研究表面，你的记忆在 5 次复习后足以长期保持下来。

1. 刚刚记忆完毕。

2. 20 分钟后。

3. 1 天后。

4. 2 周后。

5. 2 个月后。

效果如何取决于你是否拥有具体的记忆目标，以及记忆完成后，时间间隔的长短。

这样一来，如果你需要用一周时间备考，就可以用下列方式进行复习：

1. 刚刚记忆完毕（周一）。

2. 20 分钟后（周一）。

3. 间隔了 1 天后（周三）。

4. 间隔了 6 天后（周日）。

这样一来，4 次的复习效果就像每天复习一次一样，和复习 7 次一样显著。

总之，保持记忆的根本原则就是要及时复习，并要随着时间间隔的增加而进行不断地复习，也就是每次复习都应该比上一次间隔的时间更久。

每个人的复习频率都不完全相同，但是按照这一原则，每个人都能逐渐找到最适合自己的复习方式，知道什么时候复习最好。

尝试间歇复习法

Организация интервального повторения

学习，不论在任何场合都要以记忆为基础。而记忆只有通过反复练习才能达到强化，在这种意义上来说："学习助记器"对广大学生在学习过程中的记忆起到了很大的帮助，的确是一个值得注目的学习工具。

——蚝谷米司 [1]

---

[1] 日本教科教育学会会长。

间歇复习法是绝佳的学习手段。在长期的学习计划中，利用这种方法能够取得与上述其他方法相比更为显著的成果。然而，这并不意味着我们要忘掉其他方法。我只是想表示，若想长期记忆，你最好掌握这种方法。

我刚开始利用间歇时间复习时，脑海中一直牢牢秉记着我需要复习什么，什么时候开始复习。这样的方法对于外语词汇表的复习还多少起些作用，但对于我想记住的个别单词、术语、科学研究和数据而言就难得多了。严格按照记忆周期背诵一切几乎是不可能的，当然，我也完全失败了。在我最初接触记忆法的几个月里，曾经满怀热情记忆的大量信息，后来几乎全从脑海中抹除了。最初意识到这一点是由于某天我找到了之前用记忆法背诵的外语词汇表，当时我还复习过两次。但是，我遮住翻译后意识到自己只记得 30% 的词汇，其他生词都忘光了。

经过这件事，我开始寻找有利于间歇记忆的特殊软件。其中，最普遍的是软件"anki[①]"，其工作原理很简单：首先建立一些小

---

① 你可以在网站 www.ankisrs.net 上下载该软件，有 Windows、Mac、Linux 版本，以及适用于智能手机的 iOS 和 Android 版本。

卡片，然后anki会告诉你什么时候需要复习。复习时，你需要在软件中记录：自己是否能轻松地回忆起这条信息。anki会基于你的记录，计算下一次的复习间隔。也就是说，你可以在一天中的任意时刻复习知识，如乘坐地铁或是排队时所浪费的时间。举例来说，为了记住一年中做过的2000余张卡片，我每天会花10—15分钟记忆。在记忆时，如果不添加新的卡片，那么需要复习的数量就会逐渐减少，而且卡片的记忆间隔也会逐渐变长。

应用市场里还有很多其他利用间歇复习法的应用，如"Memrise"可以根据不同主题找到大量卡片。但不管你选择使用什么应用，都要养成重复记忆的习惯，并保证每天都会使用该软件。注意：间歇复习只有在定期学习时才高效。

如何利用遗忘达成目标？

Как использовать забывание
в своих целях

人类的记忆是不值得依靠的，

遗憾的是，失忆也一样。

——斯坦尼斯洛

上一部分讲述了遗忘的数量特征，这部分同样和数据有关，但主要说的是数据的质量特征。你是否了解，我们的记忆和摄影全然不同呢？如果你对这一点保持怀疑，请试着做这样一个实验：随便给谁几支笔，然后让他写一句话，5 或 6 个词语，要保证每个字母的颜色都不同；或是让一个人用电脑进行该操作。现在，在 3 到 5 秒内用眼睛对这句话进行"拍照"（不要用谷歌眼镜[①]），并且试着在脑内还原每个字母的颜色和形状。

　　我们的记忆不像摄影，而且不会如实反映过去的事件。记忆更像是基于已有的形象碎片和部分印象重现一件事的过程。如果缺少什么细节，记忆就会自主进行补充。这就是说，回忆源自每个人的生活，随着时间不断改变和发展。

　　如果这一点你也不认同，那还有一个实验，你可以现在就立刻独立进行，最终会证实回忆是一种再创作。好，先闭上眼睛，试着回忆一些生活中的愉快瞬间。你要试着回忆当时的感受、身上穿的是什么以及周围环境如何。

---

① 由谷歌公司发布的一款"拓展现实"眼镜，它具有和智能手机一样的功能，可以通过声音控制拍照、视频通话和辨明方向，还可以上网冲浪、处理文字信息和电子邮件等。

为避免你意外看到这一实验的相关解释，答案部分留在了本节的末尾。

伊丽莎白·洛塔斯曾用一些直观的实验证实——记忆基于再现。在实验中，她向被试者放映了一小段影片，其中一些汽车发生了车祸。观看片段后她询问部分参试者：在他们眼里，汽车相撞时是以怎样的速度行驶的。

她又向另一部分参试者提出了同样的问题，但把"相撞"这个词替换成了"撞飞"。第一组参试者认为行驶车速大约为 50 千米/时，而那些听到"撞飞"一词的人则回答是 60 千米/时。另外，一周后伊丽莎白再次向他们提问，看他们是否记得破碎的玻璃。所有人都坚定地表示他们记得，尽管实际上影片中并没有出现任何玻璃破碎的场景。

现在，你应该已经明白了，不同的人对同一件事的回忆可能有极大的差异。所以，你今后不必再争论有关记忆的问题了。毕竟如果没有确切的证据，争论往往会无果而终，而证据确凿的时候，争论也不利于发展友好关系，更何况你清楚地知道，你是对的。

如你所见，随着时间推移，我们的回忆不仅会丢失，还会发生变化。这就可以断言：并不存在所谓"过去"，存在的只是我们对过去发生之事的看法，在这个看法中，又会产生一些全新的可能性。

那么，我们该如何利用遗忘呢？

自我评价、人生意义、处世态度、幸福程度和其他心理因素都取决于我们如何看待自身和环境，而这一思维是从无数回忆中诞生的。如果这些回忆发生了变化，那么我们自身也可能会因之改变。

有时在紧急情况下，我们的身体会产生应激反应，避免记住的某些东西对自己的心理产生伤害——这是某种应对创伤回忆的心理保护。大概这就是债务人比债权人记忆差的原因——为了避免心理创伤。但无论如何，我们都无法随意遗忘这些糟糕的事情，但好在我们能够更改自己的记忆。

你还记得在记忆词语或数字清单时用的定位法吗？我们在预备路线的每个定位地点上放置形象。如果利用这一路线记忆其他信息时会发生什么？可能是新的形象会覆盖旧形象。

对待那些让你恼火的不快记忆同样可以这样做，无论这些记忆归于昨天还是久远的童年。只要你还记得那个产生消极体验的地点，那么你就能替换这种情感，至少也能换种方式感受它。

我们记忆的任何事件都会被不同的感官影响和修饰。它不仅会在形状、颜色、亮度上有区别，还产生不同的声音和其他感受。如果我们改变了这些生理状况，就意味着我们对一件事的看法也发生了改变。

假设你和一个亲人之间发生了争吵。重新调转整个场景，站在第三人称的立场上看待事件的经过，想象一切都是黑白画面。看法会有所转变吗？给自己和对方换上一套不寻常的衣服，改变嗓音。想象整幅画面并逐渐将"镜头"拉远。

如果你把一切和生理感受有关的变量往好的方面想，那你对整件事的看法就会产生越来越大的变化。这样一来，用定位法记忆数字、外语生词或是诗歌也会变得容易得多。

虽然有些不愉快的事发生于童年或是很久之前，但你同样可以使用类似的方法更改记忆。或者用第三方的视角"看"曾经发生的事情。你可以改变色调、形状和大体情节，让这件事变成你希望看到的样子，从而做出不同的决定，感受其中的情感。在改变回忆的时候随意播放一些能够唤起积极情感的音乐。那么，新的形象就会替代旧的形象。这样一来，那些留在记忆里的事物看起来也会有所不同。除此之外，要根据上一节叙述的原则再重复记忆几次更改过的情节。

用这种方式重建回忆之后，你会发现：发生转变的不只是自我认知，还有对周围世界的看法。神经心理学大师和心理医生都会用这种方式和那些从来没有锻炼过想象力的患者进行沟通。这些患者虽然不曾锻炼过形象思维能力，但最后都可以取得不错的成果。

回忆实验

如果在回想人生中的美妙时刻时，你从第三方的角度看到了自己（大多数人都是如此），就证明回忆重建了。如果回忆只是现实的重现，那么你只能看到第一人称视角。

谁是大脑的伙伴？

С кем дружить вашему мозгу

学习必须充分运用眼、耳、口、鼻等各种器官。眼看、耳听、口念、脑想、手动相互配合，使大脑皮层的视觉、听觉、语言等重要中枢建立起有机联系，这样才能最大限度地发挥整个大脑的功能，使大脑的潜能得到充分的利用，以达到最好的学习效果。

2013 年，芒努斯·卡尔森[1]取替了加里·卡斯帕罗夫[2]成了新的国际象棋世界棋王。那时的他虽然只有 23 岁，却已位居最强象棋榜榜单的榜首。自 13 岁起，芒努斯就成了特级象棋大师，并进入了《时代》杂志 2013 年全球 100 位最有影响力人物的榜单，被归为"巨人"一类。

　　这位年轻象棋手的成就离不开不懈的训练，但同时也不能忽视其优秀的身体素质。芒努斯从事的运动包括足球、滑雪、网球、篮球、高尔夫和排球。

　　对脑力劳动者而言，运动是为了什么？

　　可能是为了更加持久的体力，毕竟象棋比赛有可能持续数个小时。

　　但这不是问题的关键。实验证实：**工作记忆容量大的人抗压能力更强**。之前我们提到过，工作记忆中保存信息量的多少直接关系到你能否胜任某些工作。记忆力越好，你就越能快速完成计

---

① 芒努斯·卡尔森（1990—），挪威人，国际象棋职业棋手，特级大师，世界排名第一。
② 加里·基莫维奇·卡斯帕罗夫（1963—），俄罗斯国际象棋棋手，国际象棋特级大师。芒努斯·卡尔森的老师。

算之类的脑力工作。

短时记忆的大容量会带来优势，但面临极大心理压力的情况下所有优势都荡然无存。因为当你担心失败或是强制自己集中注意力时，记忆回路会被这些焦虑填满。

也就是说，最灵敏的人往往最容易陷入压力之中，精神压力会长期压迫大脑，导致大脑前叶和海马体萎缩。

所以，IQ 高的人患心理疾病的概率比智商中下等的普通人高出三倍，但这也丝毫不足为奇（这一数据是瑞典对 70 万名 16 岁青少年进行了为期 10 年的研究后所得出的）。

与此同时，我们每个人都可以掌握一种方法以保持高智商优势并应对有可能的威胁。这种方法有极多好处，而且适用于任何年龄段的人。

婴幼儿

婴幼儿时期，一个四处乱爬的小宝宝会试着站起来。小孩子蹒跚学步时，会对四处观察并进行分析。就这样，反馈链最初的链条形成了。

但早期的身体运动真的这么重要吗？

费城人类潜能开发研究所对原始部落的行为进行了一系列研究，推导出了一些有趣的结论。实验证实：如果一个部落中的婴儿能够自由地爬来爬去，这一部落往往会显现出发达社会的特征，拥有更加先进的技术，并且有可能形成语言书写的雏形。

其他研究则基于对美国印第安人进行的 IQ 测试展开。据说，**在人成长阶段的早期，一旦限制儿童的自由活动，那么他们在未来的 IQ 测试中的分数会平均降低 25 分。**

当然，可以适当加以推测，孩子们能够自由活动，意味着他们有机会探索周围环境，踏上他们最初开拓新大陆的旅程。这时，优势也会因此而来。大量研究证实了身体活动对智力的直接影响。

青少年

瑞典马尔默大学的埃里克森揭示了从事体育运动和发展认知功能的关系。9 年间，她对 220 名一至三年级的学生进行了以下试验：一些学生每周锻炼 2 次，其他学生则保证每天锻炼。果不其然，第二组学生的学业表现更加优秀，而且他们的专注力也显著提高了。

佐治亚州立大学针对 7 到 11 岁的超重儿童开展了研究。研究显示：在考试前快走 20 分钟足以使大脑活跃程度提高 5%。

美国人还做过这样一个有趣的实验：将小孩按照不同的身体素质分为两组，利用磁共振成像（MRI）技术对比他们大脑构造之间的差异。实验显示，体能良好的孩子的大脑基底核部分更加发达，这一部分负责集中注意力以及加强运动能力。

现在，你还在犹豫要不要去运动场吗？

成年人

我朋友的朋友就是我的朋友。2009 年，瑞典学者对 120 万处于服役年龄段的青年进行了一项研究，对他们的身体和智力数据进行了测试，并且证实了这两项因素的相关性：**心血管系统越发达，大脑的认知能力就越强**。定期对心脏施加合理负荷则有利于增强心血管系统功能。这一研究结果可以总结为：运动是心脏的伙伴，而心脏则是大脑的伙伴。

还有一项科学实证表示：就连被动地观看体育运动也有利于大脑发展。这个看似不符常规的结论由芝加哥大学提出。他们证实了曲棍球爱好者在谈论他们最爱的比赛时，大脑负责管控身体机能的区域活动会增强。但是，体育运动的主要好处还是应当从亲身参与中获得，而不要指望着看比赛。

老人

伊利诺伊州立大学和匹兹堡大学的生理学家对各组身体素质良好的老年人进行了测试，发现他们的记忆力也更加优秀。这是因为他们大脑中海马体的体积更大，而海马体正是大脑负责筛选信息的部位。

总而言之，如果不涉及微观角度，能够以下列观点解释这些现象：

1. 良好的身体素质是良好心理状态的保证。

2. 心理状态恰恰和大脑特定区域的大小相关。

这就是说，**锻炼有利于保持和发展认知功能**。

那如果落实到"分子"层面呢？

神经生理学家继续进行研究，并且选择了 120 名年龄超过 60 岁的老人，将他们平均分为两组——积极组和消极组。积极组的老人每天快走 40 分钟，锻炼过程中会达到最大心率的 75%；消极组则做一些简单的伸展运动，保持心情平静，同时心率几乎不变。

一年之后，学者通过核磁共振成像进行观测，并对老人的记忆力进行测试。实验表明：消极组成员的海马体平均缩小了 1%，积极组则增长了 2%。而且他们的认知功能也相应地改变了。与此同时，研究人员发现实验参与者的血液中 BNDF 蛋白 ① 的浓度也有所差别。BNDF 蛋白同样和海马体的体积及被试者的身体素质相关。在合理范围内承受的压力越大，人体就会合成更多的 BNDF 蛋白，同时人的记忆水平和学习能力也会增长。

动物

有点出乎意料对不对？尽管动物并不能列入这一部分的年龄次序中，但不可否认的是，人类和动物有很多共通点。所以，学者同样没绕过它们，而是进行了大量的实验。研究表明：对于动

---

① BDNF 即脑源性神经营养因子（brain-derived neurotrophic factor），是在脑内合成的一种蛋白质，在中枢神经系统发育过程中，对神经元的存活、分化、生长发育起到重要作用。

物的大脑而言，运动也是非常有益的。萨尔克生物研究所的研究人员发现在滚轮里奔跑的老鼠和其他老鼠相比，同一区域的大脑褶皱会多出一倍，这就意味着学习和记忆能力将更强。

研究者对大鼠进行了同样的系列实验。第一组大鼠需在三天之内进行有氧运动，第二组大鼠则完全不训练。结果表明：受训大鼠的脑血管密度显著增加了，大脑区域皮层和小脑的脑血管密度同样影响运动能力。而且，试验之后，这些大鼠每天都会跑更远的距离，比未经锻炼的大鼠多跑约两倍的路。

好了，所有事实都摆在你眼前了。无论你是青少年还是成年人，就算（改编自马雅可夫斯基的诗）：

<blockquote>

……已经时至暮年，

不要沮丧和懒惰，

你之所以锻炼仅仅是因为，

卡列林①也在锻炼！

</blockquote>

你也可以用任意名字来代替卡列林作为你的模仿对象。

---

① 亚历山大·卡列林（1967—），俄罗斯摔跤运动员，曾连续三届奥运会夺得男子130公斤古典式摔跤冠军。

更倾向于哪种浓度?

想象自己是一棵枝繁叶茂的树。树的根系、树干和树冠内的水分周转不息,舒展至每一片树叶上,叶子中不断进行的生长循环周期是一棵树最重要的生长过程。树枝越繁茂,向上输送水分就越困难。

这就像我们大脑的供血系统,主要目标就是将氧气输送至神经元。颈动脉(树干)向大脑供血(水分),通过无数细小血管(枝干)连接大脑回路(叶片)。但整个毛细血管网相当广阔,以至于血液正常流动时往往有一些细胞获得的氧气相较其他细胞少很多,并会因此衰亡。好在颈动脉运输氧的能力更强,这就意味着我们大脑的供氧量更加充分,从而会产生两种优势结果:

1. 血液循环微弱时,正处于休眠状态的大脑区域得以激活。

2. 神经元衰亡的速度会变慢[①]。

美国物理治疗师格伦·多曼提出,**颈动脉可以经训练变得更加强劲**。其原因就是:

1. 当血液中二氧化碳的浓度轻微增长时,颈动脉倾向于输送更多氧气。

2. 血液中二氧化碳的浓度是可以人为提高的,这样一来就可以增强大脑供氧水平。

---

① 举例而言,在你阅读本节时,会有数百个神经元衰亡。据不同的材料显示,每天都有数以万计(1万至3万不等)的神经元死亡。

3. 如果有条不紊地小幅提高二氧化碳的浓度，那么颈动脉会习惯向大脑供应更多血液。

所以，我们该如何提高血液中二氧化碳的含量呢？

这其实非常简单，有两种情况会使血液中二氧化碳的浓度升高，即体育锻炼或屏住呼吸。所以你可以选择任何一种锻炼身体的方式，如跑步、骑自行车、跳舞，以及**最有效的方式——屏息游泳**。

有研究表示：鲸和海豚之所以都有构造复杂且极为发达的大脑，正是由于它们必须长期屏住呼吸。我们通常认为鲸目生物的祖先是一种大脑不发达的食草类哺乳动物。当鲸和海豚"迁徙"至海洋中生存时，适用于在陆地行走的四肢转化为了鳍，同时它们大脑的体积也增长了两倍。

20 世纪初形成了一种大海起源论。该理论认为人类最初是生活在水中的。这一观点有助于解释我们皮下脂肪层的由来（就像海豹、鲸和海豚一样），与此同时，这也可以解释我们为什么能够自主控制呼吸，而其他哺乳动物做不到（它们也没能发展出直立行走的能力）——我们曾长期居于水面之下，头需要浸在沼泽之中。其次，这也表明了皮脂腺的作用（即体内所形成的防水膜）。说不定，潜水的过程正是人类大脑进化的原因呢？

除了上述内容，潜水还有更加不可思议的用途。例如：著名的日本发明家中松义郎博士坚称，他的天才灵感都是在水下缺氧时的死亡瞬间产生的。他潜水时总是攥着笔，好使自己能够及时记录下每一个想法。

有这样一些人，他们坚信灵感往往诞生于意料不到的地点，像是公共厕所之类的（因为公共厕所的味道需要你调整自己的呼吸）。稍微一提，人类可以长时间屏住呼吸，汤姆·西塔斯曾在水下憋气 22 分钟 22 秒。

另一个提高大脑供血量的方法——利用重力。比如说，你可以平躺下去——注意不要压到耳朵——同时，将双腿靠在墙上或是抬到沙发上，大脑会迅速充血。这时可以解决需要创造力的任务，因为在平躺的状态下你的肾上腺素水平也会增高，也就意味着你在逐渐放松。在这种状态下思考 10—15 分钟，一定会感到豁然开朗。

但起身时，你一定要更加谨慎，因为你的心血管系统需要一点时间才能恢复到正常状态。

合理饮食

提到大脑的健康发展，还必须要注意一点，即人是否能保持良好的饮食习惯。

基本原理非常简单：准备丰盛的早餐，多吃水果和蔬菜，少摄入糖分和酒精。合理的饮食对于那些精神压力较大的人而言尤其重要。请想一想：中等体重的人大约重 65 公斤，中等大小的大脑仅重 1300g。这就意味着**按重量来算，大脑只占人体的 2%**，但

平均消耗约 20% 的能量。

好在有益于大脑的成分已经广为人知。本节比较总结了 30 种不同的食物排行，并列出相应的表格。这些食物将按组分类，括号里则会指出该组效果最好的一种。

以下将列出 10 类对大脑有益的食物。

食物	在其他排行中出现的频率
油性鱼类（鲑鱼）	29
坚果（核桃）	27
浆果（蓝莓）	26
黑巧克力	20
绿叶蔬菜（菠菜）	18
茶（绿茶）	15
鸡蛋	15
牛油果	12
南瓜子	11
谷物（全麦面包）	11

还有一些食物，它们的好处完全被害处所抵消了。这类食物包括糖、酒类、冰激凌、薯片、蛋黄酱、碳酸汽水、糖果、曲奇、面包和精制苏打饼干。看到这里也许你会问：那咖啡呢？

关于咖啡的争论由来已久。不管怎么说，就和其他食物一样，适量饮用咖啡能带来好处，但不要过量。

运动及合理膳食有助于整体的健康，对脑部和记忆力的好处只是其中一部分。当然，如果你经常锻炼身体，保持健康饮食，坚持积极的生活方式，那么还可以列举出很多好处，但读者最好还是放下书，出发前往运动场，或是去户外跑跑步。

x

12 条定律

Двенадцать

你的大脑就像一个沉睡的巨人。

——托尼·布赞 [1]

---

[1] 英国著名心理学家、大脑学家、记忆术专家。

12 条定律，12 条法则，12 种规则……随你怎么念，重要的是要将它们派上用场。这一节中，你会了解到 12 条记忆定律，它能够帮助你增强记忆质量并加快记忆速度，同时有助于理解一些技巧、惯例，甚至悖论等内容。

为了方便理解，接下来的每条定律都会按照以下格式提出：

定律名称

定义

例子

应用

1. 目标定律——在着手前设立目标

如果提前定下了记忆目标，我们就可以更加轻松地记住信息。

请想象一个场景，即两个人需要在同一时间内记住同样的信息。其中一个人被要求在一周内完成任务，而第二个人只有 1 个小时的时间。两人一旦记住了信息就要接受检查。那么，在你看来，检查的结果会是什么样呢？

一周后，再接受检查的人显然能够更好地完成任务，这一事实已经经过了实验检验。

所以，如果有什么需要在明天之前记住的东西，你最好在一个月前就给自己设定好目标，如记忆的速度、质量、对材料的理解程度等（不要设立时间目标），这些都是你能够对自己提出的要求。

我们将暂缓进行后续环节，读者可以为自己设立一个牢记记忆定律意义的目标，从而在实际中应用这些定律。

2. 鲜明印象定律——加强情感联系

对一些事件、行为或是文字的印象越鲜明，其本身就越不寻常，理解方式越多样，信息就会被赋予更多的意义，记忆也会越发牢固。

读者可以追溯童年回忆，从而亲身检验这一定律。比如说，蜜蜂叮咬时的刺痛感、第一天上学或第一次亲吻等其他不同寻常的事件大都会永远地留在记忆里。

要想利用这一定律，可以刻意通过以下方式为想要记忆的事增强情感联系：

·改变处理信息的方法，将具体信息转化为形象，或是想象文字出自你敌人的笔下等。

·利用不同的理解方式处理信息（将新信息记录下来，和其他人讨论它，画出参考图等）。

3. 兴趣定律——寻求好处

涉及自己感兴趣的事时，我们往往记忆得更快速、更轻松。就像上一条定律一样，这一条定律同样和信息的重要程度紧密相关，只是这次由你自己决定，信息是否足够重要。

球迷能够轻松地记住球赛比分、杰出球员的姓名、球队所获金牌的数量等。

人们激发兴趣的方法有很多，譬如，你可以试着在阅读前向自己提出一些问题：

为什么我需要这条信息？这能给我带来什么好处？

在你提问的同时最好就能够回答出这些问题。

4. 思考定律——理解实质

一件事物的本质和逻辑越清晰易懂，记忆就越轻松，因为理解的过程即趋近于思考的过程，

举一个极为简单的例子：要想记住"Дерепанмодазеинетч①"，需要找到便于理解的解读方式。比如说，倒过来读这个句子。

找到研究对象的隐藏含义、逻辑及规律能够使记忆过程更加轻松。理解了，就意味着记住了。

———————

① 原文句子无确切含义，倒过来即"Чтениезадомнаперед"，意为"倒过来读"。

5. 倒摄抑制定律——稍事休息

后续的记忆会抑制先前的记忆。如果新的材料和之前记过的材料非常相似，这一定律的效果将格外显著。原因在于，我们的记忆并非是全然抽象的，神经元是一种物理结构，需要花费时间和精力才能形成联系。

如果稍微留意一下学校里的课间休息，你会发现这可以使学生们放松，使学到的知识更加有条理，易于理解。

大学的课间休息相当有必要，睡前记些东西的习惯也很好。

6. 前摄抑制定律——合理规划

新学的知识常常会被早先学过的知识干扰，导致容易被遗忘。而且，新学的内容和之前的知识越像，就越容易受到影响。

如果你在费希特①的哲学观点上花了5个小时，之后立即着手学习康德②哲学，那么你脑海中有关康德的观点会出现混乱。而且，很可能会和前一种哲学观相混淆。

信息记忆每逢早上尤其高效。

好了！足够了！是时候放下书去喝杯咖啡了。

---

① 约翰·戈特利布·费希特（1762—1814），德国作家、哲学家、爱国主义者，古典主义哲学的主要代表人之一。

② 伊曼努尔·康德（1724—1804），德国哲学家、作家，德国古典哲学创始人。

咖啡利口酒的配方：

制作 6 份咖啡需要如下原料：

咖啡（煮沸）——3 杯，每杯 230ml。

淡奶油（脂肪含量约 20%）——半杯。

砂糖（黄砂糖）——1 杯。

黄油（软化）——2 茶匙。

丁香粉——0.25 茶匙。

肉豆蔻粉——0.25 茶匙。

肉桂粉——0.25 茶匙。

橙子（干橙片）——1 片。

柠檬（干柠檬片）——1 片。

制作方法：

混合砂糖、黄油和各种香料。

将柠檬片和干橙片分成 6 块，并把 1/6 块分别放入杯中，之后向杯中放入朗姆酒。

将咖啡、奶油和香料混合物混合在杯中搅匀。

7. 行为定律——实际应用

如果我们能够利用信息，将其应用到实际活动中，那我们的记忆就会非常牢靠。

所以，我们要利用记忆方法，并把信息应用在相应活动中。

为了更牢地记住信息，需要对信息进行一些加工：找到信息之间的联系，进行对比、计算或是想办法将其应用。

8. 先知定律——利用已掌握的知识

对某一领域的知识了解得越多，和这一主题相关的新信息就越容易记忆。新的知识可以和已经了解的知识相结合，并且在现有的基础上进一步加固。

现在，你已经了解了各种记忆方式，读过了很多例子，很可能你已经尝试过在实际中运用这些方法，也能够更轻松地分析并牢记这些记忆定律了。

接下来，在解读新材料之前，你最好先适当回忆一下早先了解的知识。这样一来，大脑就能做好接受新信息的准备，并且形成特殊的设置。

回忆一下先前的记忆定律吧。

9. 重复定律——正确复习

信息重复的次数越多，掌握得就越牢。

信息重复的次数越多，掌握得就越牢。

信息重复的次数越多，掌握得就越牢。

有关这一点，在"如何正确地复习"这一部分中已有更详细的信息。

10. "同时"印象定律——迂回前进

信息无法孤立地记忆，同一时间发生的一切都安放在记忆里的同一个小匣子里。

气味或是环境会唤起特定事件的记忆。

如果无法回忆起什么事，就要在记忆中尽可能多地唤起在同一时刻发生且密切相关的印象。

这一定律同样适用于神经心理学中的锚定效应[①]。其内容如下：

如果当一个人心情非常愉快时，你碰触了他的肩膀，就相当于为这一事件建立了一个锚点。如果你想激活这一锚点，也就是想刻意制造这份好心情时，就可以再次触碰他的肩膀。

11. 边缘定律——少量多次比多量少次更好。

从事件始末获取的信息记得最牢。

请随便想起一本书、一部电影或是一段对话，其开头和结尾部分总是鲜明地显现在记忆中。比如开头、结尾以及一些关键时刻（图 4）。

---

① 锚定效应（Anchoring effect）是指当人们需要对某个事件做定量估测时，会将某些特定数值作为起始值，起始值像锚一样制约着估测值。在做决策的时候，会不自觉地给予最初获得的信息过多的重视。

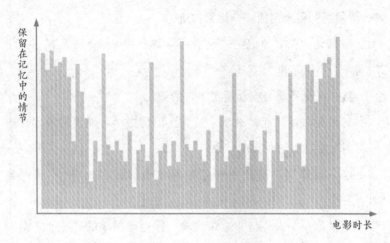

图 4 边缘定律

所以，每周每天用 1 个小时学习，比一天花费 7 个小时的效果更好。

在和人交往或是准备课前发言时，也应该回忆起这一定律。人们对开头和结尾印象最为深刻，所以要格外重视这些部分。

12. 未竟定律

未结束的行为、句子和文字记得更牢。我们的想象力会试着自主补完它们，所以会自发解读材料，并且……

后记

Послесловие

Помнить всё.
Практическое руководство
по
развитию памяти

你如果看到这里，说明已经看完了全书。也许你正准备把它放到书架上，但最好你还是从头再大致翻阅一遍，了解一下自己究竟学到了什么，还有什么是没掌握的。在这里，我不准备说常见的告别之辞，而想向读者提出以下建议：

首先，回答问题。

你愿意加入一场游戏吗？游戏中你既是参与者又是主裁判。

停！先回答，再向下读。

这场游戏会对你有所助益，并且格外有趣。你大概会平静地同意。但如果回答是肯定的，那么游戏的第一条规则就是——必须通关。

这是必要条件，而且既然同意参与，就应该遵守规则。

要想通关，必须攒够 50 分，得到这些分数的方式只有一种——完成下文的任务。每项任务旁边的括号里都标明了完成任务可以得到的具体分数，开始吧！

· 整理出 25 个地点的顺序并牢牢记住。如果现在你还是一条路线都没有构建出来，那么这 25 个地点可以成为各类事项的助力；如果你已经形成了不少路线，那你并不需要多余的路线，因为你怎么做都可以完成这一任务。（10 分）

· 在一周之内至少记住 400 个新语言的词汇。要知道，经过恰当选择的 400 词几乎能够覆盖日常用语词典的 90% 了。（50 分）

· 记住至少一周内所有新认识的人的名字和相貌，即使你并

不需要这样做。这一条只是用于锻炼。（10分）

·动脑得出下文中更换了条件的爱因斯坦难题的解决方法。（17分）

条件：

有5座不同颜色的房子，每座房子里的住户都属于不同的国家。每个住户都只喝特定种类的饮料，吸特定品牌的香烟，养特定的某种动物。

1. 英国人住在红房子里。

2. 瑞典人养狗。

3. 丹麦人喝茶。

4. 绿房子立在白房子的左侧，相邻。

5. 绿房子的住户喝咖啡。

6. 吸 Pall Mall 牌香烟的人养鸟。

7. 中间房子的住户喝牛奶。

8. 黄色房子的住户吸 Dunhill 牌香烟。

9. 挪威人住在第一个房子里。

10. 抽 Marlboro 牌香烟的人住在养猫的人旁边。

11. 养马的人的邻居吸 Dunhill 牌香烟。

12. 抽 Winfield 牌香烟的人喝啤酒。

13. 德国人吸烟的牌子是 Rothmans。

14. 挪威人住在蓝色房子旁边。

15. 抽 Marlboro 牌香烟的人和喝水的人是邻居。

·请回忆起两个令人焦虑的情形，并改变对这些事的看法。

（8分）

· 用左手以外语形式记录下一天之内发生在你身上的5件愉快的事。（15分）

· 记住母语中的10个新词汇，试着通过一次记忆永远牢记住它们。（5分）

· 去健身房登记（不能仅仅登记而不去运动，不要欺骗自己）。（20分）

· 掌握210个数字形象，学会在5分钟内记住100个数字。（50分）

· 学会在5分钟内记忆一副牌。（25分）

· 背下一首长度超过20行的诗歌。（10分）

希望你能完成这些任务并取得50分。如果取得了，那就收下这份惊喜吧——经过强化的头脑能力！

笔记:

图书在版编目（CIP）数据

记忆编码 /（俄罗斯）亚瑟·杜姆切夫著；雷雨晴
译.-- 成都：四川文艺出版社，2020.5
ISBN 978-7-5411-5637-3

Ⅰ.①记… Ⅱ.①亚… ②雷… Ⅲ.①记忆术—通俗
读物 Ⅳ.① B842.3-49

中国版本图书馆 CIP 数据核字 (2020) 第 036721 号
著作权合同登记号 图进字：21-2019-624

REMEMBER EVERYTHING: A PRACTICAL GUIDE TO IMPROVING YOUR MEMORY
© Text, Dumchev A. A., 2013
© Design, Mann, Ivanov and Ferber, 2018
First published in Russian by MANN, IVANOV and FERBER
Simplified Chinese rights arranged through CA-LINK International LLC (www.ca-link.cn)

JIYI BIANMA
记忆编码

[俄] 亚瑟·杜姆切夫 著

雷雨晴 译

出 品 人	张庆宁
出版统筹	刘运东
特约监制	刘思懿
责任编辑	陈雪媛
特约策划	刘思懿
特约编辑	赵璧君　申惠妍
封面设计	A BOOK-Aseven
责任校对	汪 平

出版发行	四川文艺出版社（成都市槐树街2号）
网　　址	www.scwys.com
电　　话	028-86259287（发行部）　028-86259303（编辑部）
传　　真	028-86259306

邮购地址	成都市槐树街2号四川文艺出版社邮购部　610031
印　　刷	三河市海新印务有限公司
成品尺寸	145mm×210mm　　开　本　32开
印　　张	7　　　　　　　　字　数　135千字
版　　次	2020年5月第一版　　印　次　2020年5月第一次印刷
书　　号	ISBN 978-7-5411-5637-3
定　　价	39.80元